中等职业学校特色教材

计算机绘图
——CAXA电子图板2013

主编 李红丽

U0264714

山东科学技术出版社

前　言

　　随着计算机技术的迅猛发展,计算机绘图的应用日益普及,传统的手工绘图不可避免地将被取代。因此,学习、掌握计算机绘图的知识和技能已成为广大工程技术人员必备的能力,从而也成为各类工科学校学生学习的内容之一。

　　CAXA 电子图板是国产拥有自主版权的绘图软件,符合我国制图标准,符合设计绘图的规律和方法。该系统提供了丰富的绘图、编辑、标注以及方便的绘图辅助功能,设计智能化,易学易用,操作简便,目前已在众多行业得到了广泛的应用,并且被越来越多的学校选作教学软件。

　　本书共分为六个项目:CAXA 电子图板绘图基础知识、简单图样绘制、复杂图样绘制、变位支架零件图绘制、千斤顶零件图绘制、机用平口钳零件图绘制。

　　本书的编写思路是:大部分命令都在任务的绘图步骤中讲解,有个别命令在绘图步骤中不方便讲解时,会在本步骤后边紧跟的“知识点”中讲解。如果在阅读时看不懂这一步骤这么做的原因,可带着疑问继续看后边的知识点,就会恍然大悟。

　　本书根据笔者多年来从事机械制图和计算机绘图的教学经验编写,由浅入深,循序渐进,通俗易懂。在内容的处理上,做到了系统性与实用性相结合,既比较全面地介绍软件的功能,又突出动手绘图这一重点,按照教学的规律和学生认知的规律组织各部分内容。本书图文并茂,注重实践,既可以作为职业学校的教材,也可以供学生自学用。

　　在本书的编写过程中,收到了机械教研组全体老师提出的很多指导性和建设性的建议和意见,在此表示衷心感谢!

　　由于交稿时间紧迫,虽然竭尽全力,仍难免疏漏或考虑不周,敬请各位老师和同学批评指正!

编　者

2015 年 1 月

目 录
CONTENTS

CAXA 电子图板绘图基础知识

任务一　旋钮绘制

旋钮(图 1 – 1 – 1)是各种家用电器上常用的零件,通常由正八边形、圆、圆角矩形组成。本任务将应用"正多边形""圆""矩形""圆角""中心线""尺寸标注"等命令实现图形绘制。

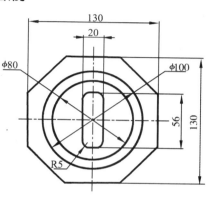

图 1 – 1 – 1　旋钮

绘图步骤:

1. 鼠标左键双击桌面 CAXA 电子图板 2013 图标 ,打开 CAXA 电子图板 2013。

2. 打开后的界面如图 1 – 1 – 2 所示,黑色的区域称为绘图区,绘图区中心是紫色坐标系。点击界面左上角的"保存文档",保存文件名为"旋钮",把文档保存到你设定的位置。

图 1 – 1 – 2　CAXA 电子图板 2013 界面

3. 考虑到教材编辑及印刷的因素,对界面做以下修改,同学们在学习过程中不必修改。

左键单击(以下简称"点击")"工具/选项/显示",打开"选项"对话框,如图 1 – 1 – 3 所示,修改"当前绘图"的"黑色"为"白色","光标"的"白色"为"黑色",点击"确定",修改后的绘图区变成了白色,如图 1 – 1 – 4 所示。

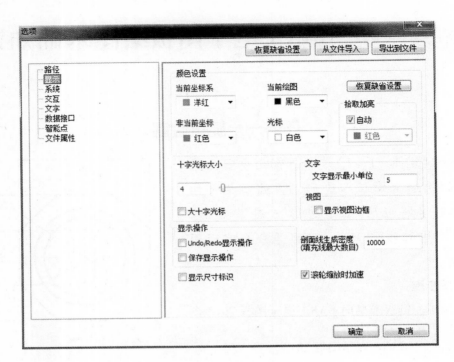

图 1 - 1 - 3   选项/显示设置

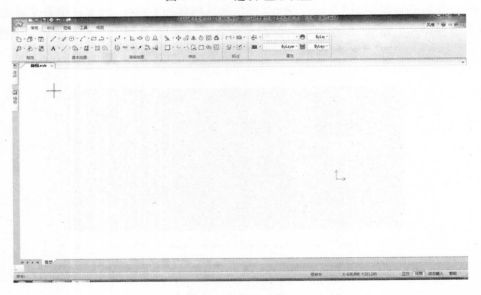

图 1 - 1 - 4   修改后界面

知识点

◆ 当移动鼠标时,绘图区出现十字光标,十字光标中心的绿色方框称为拾取框。

◆ 界面右下角如图1-1-5所示。打开"正交"可以将光标限制在水平或垂直方向上移动,用来绘制水平和垂直线段。

图1-1-5 界面右下角状态栏

◆ 打开"线宽"在绘图区显示图样的线宽设置,关闭后将不显示线宽。

◆ 捕捉

● 绘图时,操作者常常需要确定图形元素上的一些几何点,如端点、中点、圆心、交点、切点、垂足、象限点等,这些具有几何特征的点称为特征点,在用鼠标输入一个点时,电子图板提供了对特征点的搜寻和锁定,即捕捉功能。

在工具/捕捉设置里可以进行捕捉点的设置,如图1-1-6所示,如方框表示端点,三角表示中点,圆圈表示圆心等。

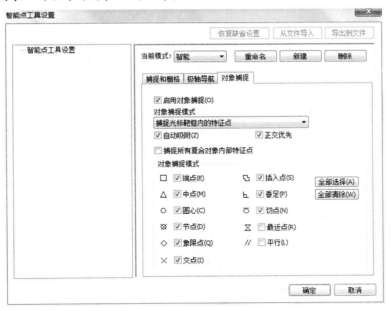

图1-1-6 智能点工具设置

在界面右下角可以进行捕捉方式的切换,如图1-1-7所示。

● 自由:不设置捕捉。

● 智能:在智能状态下,系统对特征点进行自动捕捉。其特征是在命令状态下,当鼠标的十字光标经

图1-1-7 捕捉方式切换

过或接近特征点时,光标被自动"锁定"并加亮显示。打开电子图板后,系统默认为智能方式。

● 栅格:此种方式在绘图区以给定间距显示出栅格,如图1-1-8所示。输入点时拖动十字光标只能定位在栅格点上。

● 导航:导航方式是专门为绘制三视图开发的。在命令状态下,当十字光标移动到特征点附近时,特征点被锁定,移开十字光标时,会出现虚线样的导航线,以保证绘图时视图间的投影关系。

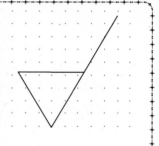

图1-1-8 栅格

4.绘制正八边形:点击"常用/高级绘图"区的"正多边形"命令,如图1-1-9所示,界面左下角显示为如图1-1-10所示,其中 `1.中心定位 ▾ 2.给定边长 ▾ 3.边数 5  4.旋转角 0    5.无中心线 ▾` 称为立即菜单,立即菜单中一般有多个选项,需要我们根据实际情况设置。如选择"1.中心定位"还是"底边定位",本例选择"中心定位";点击"2.给定边长"右侧的倒三角,切换为"给定半径";点击"3.内接于圆"右侧的倒三角,切换为"外切于圆";点击"4.边数5",键盘输入"8",将多边形的边数修改为8,立即菜单改变为如图1-1-11所示。 `中心点` 称为状态行,显示系统操作提示,即表示需要确定中心点的位置。

图1-1-9 正多边形命令在功能区的位置

图1-1-10 正多边形初始立即菜单

图1-1-11 设定的正多边形命令立即菜单和系统操作提示

知识点

◆ 学习电子图板,一定要培养自己看界面左下角立即菜单和系统操作提示的习惯,它们能智能地引导后续的操作,不必死记硬背。

5. 在绘图区适当位置点击,确定中心点位置,状态行系统操作提示变为如图 1-1-12 所示,键盘输入"65"(因为要求输入的是内切圆的半径,不是直径),按"Enter"键(以下简称"回车"),结果如图 1-1-13 所示。

图 1-1-12　拾取中心点后正多边形命令系统操作提示

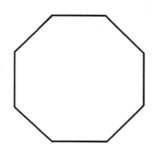

图 1-1-13　正八边形

6. 绘制水平中心线:点击"常用/基本绘图"区的"中心线"命令,如图 1-1-14 所示,设置立即菜单为"指定延长线长度—快速生成—延伸长度 3",系统操作提示如图 1-1-15 所示,拾取第一条直线如图 1-1-16,系统操作提示变为如图 1-1-17,拾取另一条直线,如图 1-1-18,系统操作提示变为如图 1-1-19,点击鼠标右键确认,结果如图 1-1-20所示。

7. 同理绘制垂直中心线,如图 1-1-21 所示。

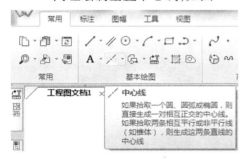

图 1-1-14　中心线命令在功能区的位置　　图 1-1-15　中心线命令立即菜单和系统操作提示

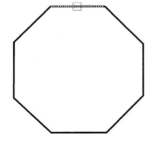

图 1-1-16　拾取绿色拾取框处的直线　　图 1-1-17　拾取一条直线后中心线命令系统操作提示

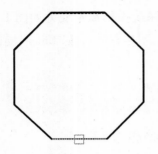

图1-1-18　拾取绿色拾取方框处的直线　　图1-1-19　拾取另一直线后中心线命令系统操作提示

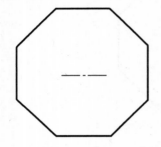

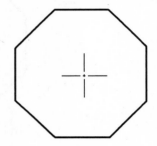

图1-1-20　绘制水平中心线　　　　　　图1-1-21　绘制垂直中心线

> **知识点**
>
> ◆ 当拾取框靠近元素(例如本例的直线)时,该元素变粗变虚,点击即可拾取到该元素。

8.拉长水平中心线:点击水平中心线,该直线被拾取到,同时出现了三个方形夹点和两个三角夹点,如图1-1-22所示。当十字光标靠近右边的三角夹点时,该夹点显亮,点击该三角夹点,向右拖动十字光标,该中心线被往右侧拉长,在适当位置点击结果如图1-1-23所示。

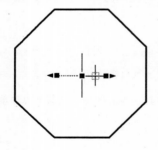

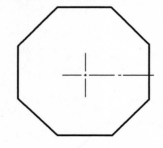

图1-1-22　拾取水平中心线　　　　　　图1-1-23　向右拉长水平中心线

9.同理把水平中心线往左侧拉长如图1-1-24所示。

10.同理拉长垂直中心线,如图1-1-25所示。

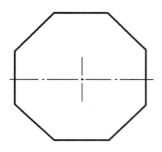
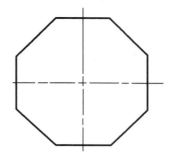

图1-1-24 向左拉长水平中心线　　　图1-1-25 拉长垂直中心线

11.点击"常用/基本绘图"区"圆"命令如图1-1-26所示,设定立即菜单为"圆心半径—直径—无中心线",系统操作提示如图1-1-27所示,点击两条中心线的交点为圆心点,拖动十字光标,绘图区出现一个绿色的直径可以变化的圆,系统操作提示变为图1-1-28所示,用键盘输入"100",则输入的"100"显示在命令行,如图1-1-29所示,回车,继续用键盘输入"80",回车,单击右键结束该命令,结果如图1-1-30所示。

图1-1-26 圆命令在功能区的位置　　

图1-1-27 圆命令立即菜单和系统操作提示

图1-1-28 拾取圆心点后圆命令系统操作提示

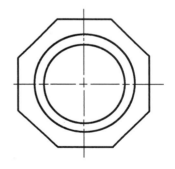

图1-1-29 键盘输入半径值100　　　图1-1-30 绘制同心圆

知识点

◆ "圆"命令可以一次绘制多个同心圆。

◆ 右键单击或按"Esc"键可以结束当前命令。

本例的另一种作法:

◆ 先作出直径为130的圆,设定立即菜单为"有中心线",然后做出圆的外切正八边形,在空命令状态下拾取圆,按键盘的"Delete"删除该圆即可。

◆ 本例讲述了拉长直线的方法,该方法对各种直线都是适用的。

12. 点击"常用/基本绘图"区的"矩形"命令如图1-1-31所示,这时在十字光标上拖动着一个代表矩形的绿色方框,设定立即菜单为"长度和宽度—中心定位—角度0",设定长度为"20",宽度为"56",系统操作提示如图1-1-32所示,捕捉两条中心线的交点为定位点,点击,完成图样如图1-1-33所示。

图1-1-31　矩形命令在功能区的位置

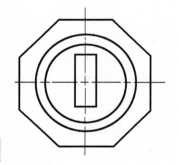

图1-1-32　矩形命令立即菜单设定和系统操作提示

图1-1-33　绘制矩形

13. 把十字光标悬停于图样中心,向前滚动滚轮即鼠标中键,放大图样。

知识点

◆ 鼠标中键往前或往后滚动可以实现图样的缩放。

◆ 持续按住鼠标中键,移动鼠标,可以移动图样,直到松开中键。

◆ 缩放图样时,应该把鼠标悬停在需要缩放的图样中心,然后按下中键缩放,如果图样不小心找不到了,可以使用"F3"键全屏显示以找回图样。

14. 点击"常用/修改"右侧倒三角的"多圆角"命令,如图1-1-34所示,系统操作提示如图1-1-35所示,修改半径为"5",然后拾取矩形的任一条边,结果如图1-1-36所示。

图1-1-34　多圆角命令在功能区的位置

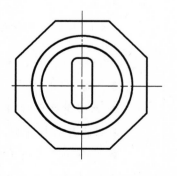

图1-1-36　绘制多圆角

1.半径 5

拾取首尾相连的直线

图1-1-35　多圆角命令立即菜单设定和系统操作提示

15. 标注大圆直径:点击"常用/标注"区的"尺寸标注"命令,如图 1 - 1 - 37 所示,系统操作提示如图 1 - 1 - 38 所示,拾取大圆的圆周,系统操作提示变为如图 1 - 1 - 39 所示,修改"2. 文字平行"为"文字水平",设定立即菜单的其他选项为"直径—文字居中",拖动十字光标到合适位置,点击,完成图样如图 1 - 1 - 40 所示。

图 1 - 1 - 37　尺寸标注命令在功能区的位置

图 1 - 1 - 38　基本标注命令立即菜单设定和系统操作提示

1.基本标注 ▾	2.文字水平 ▾	3.直径 ▾	4.文字居中 ▾	5.前缀 %c	6.后缀	7.尺寸值 80

拾取另一个标注元素或指定尺寸线位置:

图 1 - 1 - 39　拾取一个元素后基本标注命令立即菜单设定和系统操作提示

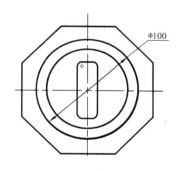

图 1 - 1 - 40　标注 ϕ100

知识点

　　绘图时,有时需要输入一些键盘上没有的特殊字符,如"ϕ""°"等,电子图板规定了特定的格式用于输入这些特殊字符,例如"% c"表示"ϕ","% d"表示"°",等等。

16. 点击"标注/样式管理"下倒三角中的"尺寸"命令如图 1 - 1 - 41 所示,打开"标注风格设置"对话框如图 1 - 1 - 42 所示,点击"直线和箭头",设置"箭头大小"为"8",点击"文本",设置文字字高为"8",点击"确定"完成修改,图样上的箭头和文字就显示得清晰了,如图 1 - 1 - 43 所示。

图 1 - 1 - 41　标注/样式管理/尺寸命令在功能区的位置

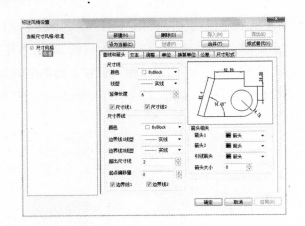

图 1 - 1 - 42　标注风格设置

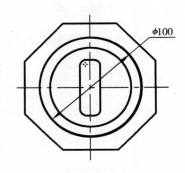

图 1 - 1 - 43　修改后的尺寸文字字高

17. 同理标注小圆直径。

18. 标注矩形边长尺寸:在"尺寸标注"命令下,分别拾取矩形线框的对边,拖动十字光标到合适的位置,点击,完成矩形边长的标注,如图 1 - 1 - 44 所示。

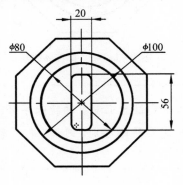

图 1 - 1 - 44　标注各种尺寸

知识点

上述矩形边长的标注也可以拾取相应的直线端点,如先拾取图1-1-45中十字光标处端点,再拾取图1-1-46中十字光标处端点。

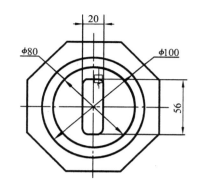

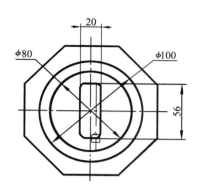

图1-1-45 拾取十字光标处的直线端点　　图1-1-46 拾取十字光标处的直线另一端点

19. 同理标注总长和总宽尺寸,如图1-1-47所示。这时我们看到φ80和φ100与水平方向尺寸130的尺寸线相交,不合乎制图标准,需要改动一下它们的位置。

20. 点击"标注/标注编辑"如图1-1-48所示,系统操作提示为如图1-1-49所示,拾取"φ100",系统操作提示变为图1-1-50所示,在合适的位置点击,即重新编辑了该尺寸。同理编辑"φ80",如图1-1-51所示。

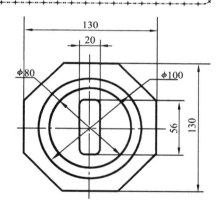

图1-1-47 尺寸线与尺寸界线产生交叉

图1-1-48 标注编辑命令在功能区的位置

图1-1-49 标注编辑命令系统操作提示

图1-1-50 拾取φ100后的立即菜单和系统操作提示

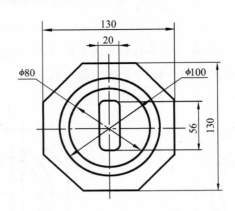

图1-1-51　修改后的尺寸标注

21.标注R5圆角:点击"常用/尺寸标注",利用鼠标中键放大图样,拾取矩形的圆角,在合适的位置点击,完成标注如图1-1-1所示。

22.存盘。请同学们一定注意在作图过程中及时存盘。以后的任务中不再提示这一步。

任务二　五角星、花纹皮球绘制

[案例一]　五角星绘制

五角星是生活中常见的图形,图1-2-1所示图案由正五边形、圆、直线组成。本任务将应用"正多边形""直线""图层"等命令实现图形绘制。

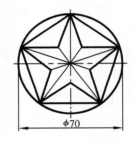

图1-2-1　包含五角星的图案

绘图步骤:

1.新建"五角星"文档。

2.作ϕ70圆,设定立即菜单为"圆心半径—直径—有中心线—中心线延伸长度3",如图1-2-2所示。

3.做圆的内接正五边形:立即菜单设定如图1-2-3所示,捕捉圆的象限点以间接输入外接圆半径,如图1-2-4所示,结果如图1-2-5所示。

4.点击"常用/基本绘图"区的"直线"如图1-2-6,立即菜单设定和系统操作提示为图1-2-7,拾取第一点如图1-2-8,系统操作提示变为图1-2-9,拾取第二点如图1-2-10所示,右键单击结束命令,结果如图1-2-11所示。

5.同理绘制其他直线,如图1-2-12所示。

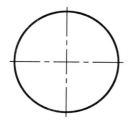

图 1 - 2 - 2　绘制 $\phi70$ 圆

图 1 - 2 - 3　正五边形立即菜单设定

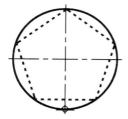

图 1 - 2 - 4　拾取圆的下部象限点确定正五边形的大小

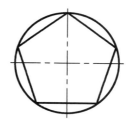

图 1 - 2 - 5　绘制正五边形

图 1 - 2 - 6　直线命令在功能区的位置

图 1 - 2 - 7　直线命令系统操作提示

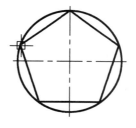

图 1 - 2 - 8　拾取十字光标处的端点作为第一点

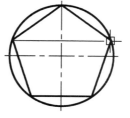

图 1 - 2 - 9　拾取第一点后直线命令
系统操作提示

图 1 - 2 - 10　拾取十字光标处的端点作
为第二点

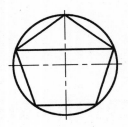

图1－2－11　绘制水平直线　　　　图1－2－12　绘制其他直线

知识点

◆ 在电子图板中，当需要连续两次或多次使用同一个命令时，可以在结束该命令后右键单击或者按"Enter"键或"空格键"以再次启动该命令。

6. 点击"常用/修改"区的"裁剪"如图1－2－13所示，立即菜单设定和系统操作提示如图1－2－14所示，拾取直线如图1－2－15所示（请仔细观察拾取盒的位置），该位置的直线被裁剪掉，如图1－2－16所示。

图1－2－13　裁剪命令在功能区的位置　　　　图1－2－14　裁剪命令立即菜单设定和系统操作提示

图1－2－15　点击绿色拾取框处的直线　　　　图1－2－16　绿色拾取框处的直线被裁剪掉

7. 继续拾取其他位置，同理裁剪掉其他多余直线，如图1－2－17所示，在拾取过程中可以使用鼠标中键适时缩放图样以方便拾取。

8. 点击"常用/属性/图层/粗实线层"右侧倒三角下的"细实线层"，如图1－2－18所示，切换"细实线层"为当前层，如图1－2－19所示。

图 1-2-17　裁剪后的图样

图 1-2-18　细实线层命令在功能区的位置

图 1-2-19　切换细实线层为当前层

知识点

图层

◆ 一张完整的机械图样,是由图形、相关尺寸、文字说明和图框、标题栏组成的,图形又是由粗实线、中心线、虚线、剖面线等线型组成,这么多的内容集中在一张图纸上,必然给设计绘图工作造成很大负担。如果能够把相关的信息集中在一起,或把某个零件、某个组件集中在一起单独进行绘制或编辑,当需要时又能够组合或单独提取,那么将使绘图设计工作变得简单而又方便。图层就具备了这种功能,可以采用分层的设计方式完成上述要求。

◆ 可以把图层想像为一张没有厚度的透明薄片,对象及其信息就存放在这张透明薄片上。CAXA 电子图板中的每一个图层有唯一的层名;不同的层上可以设置不同的线型和不同的颜色,也可以设置其他信息。层与层之间由一个坐标系(即世界坐标系)统一定位。因此,一个图形文件的所有图层都可以重叠在一起而不会发生坐标关系的混乱。

◆ 各图层之间不但坐标系是统一的,而且其缩放系数也是一致的。因此,层与层之间可以完全对齐。某一个图层上的一个标记点会自动精确地对应在其他各个图层的同一位置点上。

◆ 图层是具有属性的,其属性可以被改变。图层的属性包括层名、层描述、线型、颜色、打开与关闭以及是否为当前层等。每一个图层对应一套由系统设定的颜色和线型、线宽等属性。电子图板默认模板的初始层为【粗实线层】,它为当前层,线型为实线,线宽为粗线。

◆ 为了便于用户使用,系统预先定义了8个图层。这8个图层的层名分别为【0层】【中心线层】【虚线层】【粗实线层】【细实线层】【尺寸线层】【剖面线层】和【隐藏层】,每个图层都按其名称设置了相应的线型和颜色。

◆ 点击"常用/属性"区的"图层"命令,如图1-2-20所示,可以打开层设置对话框,如图1-2-21所示。

◆ Bylayer是"随层"的意思,就是让这些属性与实体所在图层的默认属性保持一致,并随实体所在图层的修改而改变。例如,一条位于粗实线层上的直线,其颜色、线型、线宽均为Bylayer,如果将该直线的图层属性设置为中心线层,则无需手工改变其颜色、线型、线宽,这条直线也会自动由"黑白色、实线、粗线"变为"红色、点画线、细线"。

图1-2-20 图层命令在功能区的位置

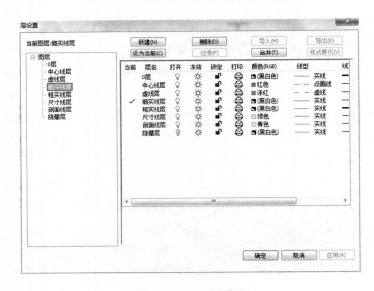

图1-2-21 层设置

◆ Byblock是"随块"的意思,随块是指体的显示属性与其所在的块的当前属性相同。

● 在块中的实体,也可以有其图层属性。在块内实体的颜色、线型、线宽属性均为Bylayer时,改变块本身的特性不会对块内各个实体的属性造成影响;而如果这些属性设置为Byblock时,改变块本身的属性后,实体的属性也会随之改变。

- 电子图板的0层有一个特殊机制,即绘制在0层的实体如果属性为Bylayer,则当其处于块中时为Byblock效果。

◆ 前边学习中绘制的中心线默认绘制到了中心线层,尺寸线默认绘制到尺寸线层。在修改视图时可将其关闭,使视图更清晰;还可将作图的一些辅助线放入隐藏层中,作图完成后,将其关闭,隐去辅助线,而不必逐条删除。

◆ 当前层:就是当前正在进行操作的图层,也可称为活动层。

- 将某个图层设置为当前层,随后绘制的图形元素均放在此当前层上。
- 系统只有唯一的当前层,其他的图层均为非当前层。
- 为了对已有的某个图层中的图形进行操作,必须将该图层设置为当前层。
- 可以切换任一层为当前层。
- 值得注意的是,如果在绘图区选择了实体,那么此时"图层下拉菜单"中显示的将是当前被选择实体所在的图层。而此时如果用"图层下拉菜单"进行切换图层操作,改变的也是当前选中实体所在的图层,而非改变当前图层。请同学们自己试一试。

◆ 图层可以新建,也可以被删除。

◆ "打开/关闭"图层:

- 除了隐藏层外,系统默认各层都是"打开"状态。点击某一层的灯泡为灰色,即可将该层关闭,但注意当前层不能被关闭。
- 图层处于打开状态时,该层的对象被显示在屏幕绘图区;处于关闭状态时,该层上对象处于不可见状态,但对象仍然存在,并没有被删除。
- 打开和关闭图层功能在绘制复杂图形时非常有用。在绘制复杂的多视图时,可以把当前无关的一些细节(即某些对象)隐去,使图面清晰、整洁,以便用户集中完成当前图形的绘制,以加快绘图和编辑的速度,待绘制完成后,再将其打开,显示全部内容。

◆ "冻结/解冻"图层:已冻结图层上的对象不可见,并且不会遮盖其他对象。在大型图形中,冻结不需要的图层将加快显示和重生成(圆和圆弧等图素在显示时都是由一段一段的线段组合而成,当图形放大到一定比例时可能会出现显示失真。通过使用"重生成"功能可以将显示失真的图形按当前窗口的显示状态进行重新生成)的操作速度。解冻一个或多个图层可能会使图形重新生成。冻结和解冻图层比打开和关闭图层需要更多的时间。

◆ "锁定/解锁"图层:层锁定后,此图层上的图素只能增加,并可以对选中的图素进行复制、粘贴、阵列、属性查询等操作,但不能进行删除、平移、拉伸、比例缩放、属性修改、块生成等修改性操作。系统规定,标题栏和明细表以及图框等图幅元素不受此限制。

9. 绘制细实线:如图1-2-22所示。

10. 标注尺寸:点击"尺寸标注",拾取φ70圆周上任一点,系统操作提示变为图1-2-23所示,修改"3.直径"为"圆周直径",如图1-2-24所示,拖动十字光标,在适当位置点击,完成标注如图1-2-25所示。

图1-2-22　绘制细实线

图1-2-23　修改前尺寸标注命令立即菜单设定和系统操作提示

图1-2-24　修改后尺寸标注命令立即菜单设定和系统操作提示

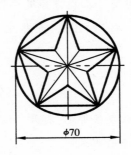

图1-2-25　标注直径

11. 为了美观起见,可以适当修改尺寸标注的字体高度,设置文字字高为"5",箭头大小为"5",图样上的箭头和文字就显示得清晰了,如图1-2-1所示。

案例二　花纹皮球绘制

花纹皮球(图1-2-26)是生活中常见的图形,由圆、半圆弧组成。本任务将应用"圆""直线""圆弧""点"等命令实现图形绘制。

绘图步骤如下:

1. 新建"花纹皮球"文档。

2. 设定立即菜单为"圆心半径—直径—无中心线",绘制φ70圆,如图1-2-27所示。

3. 绘制圆的水平直径,如图1-2-28所示。

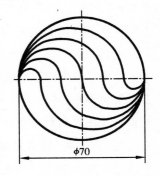

图1-2-26　花纹皮球

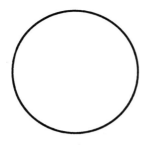

图1-2-27　绘制φ70圆

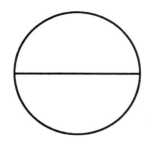

图1-2-28　绘制水平直径

4.点击"工具/选项/点样式"如图1-2-29所示,打开"点样式"对话框如图1-2-30,选择第2行第4列所示点样式,点大小设置为"10",点击"确定"。(注意,做完这一步后,图样没有任何变化。)

图1-2-29　点样式命令在功能区的位置

图1-2-30　点样式设置

5.点击"常用/高级绘图"区的"点"命令如图1-2-31所示,设定立即菜单为"等分点—等分数6",如图1-2-32所示,拾取圆的直径,结果如图1-2-33所示。

图1-2-31　点命令在功能区的位置

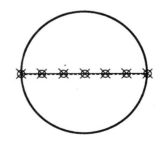

图1-2-32　点命令立即菜单设定和系统操作提示　　　图1-2-33　将水平直径六等分

6.点击"常用/基本绘图"区"圆弧"右侧倒三角下的"起点终点圆心角"如图1-2-34所示,修改后的立即菜单和系统操作提示如图1-2-35所示,拾取起点如图1-2-36

中拾取框所示,系统操作提示变为图1-2-37所示,拾取终点如图1-2-38所示,结果如图1-2-39。

7.同理绘制其他半圆弧,结果如图1-2-40所示。

图1-2-34　起点终点圆心角命令在功能区的位置

图1-2-35　起点终点圆心角命令立即
菜单设定和系统操作提示

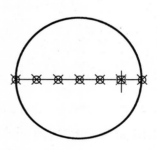

图1-2-36　拾取十字光标处的点作为圆弧起点

图1-2-37　拾取起点后起点
终点圆心角命令系统操作提示

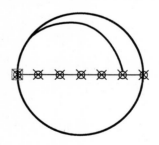

图1-2-38　拾取十字光标处的点作为圆弧终点

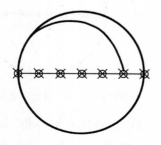

图1-2-39　绘制第一个圆弧

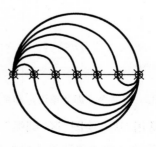

图1-2-40　绘制圆弧

◆ 在绘制皮球下半部分的圆弧时,注意把圆弧的左端点作为起点,右端点作为终点,因为在电子图板中,角度规定以逆时针方向为正,顺时针方向为负。而且角度值有效值范围为 0.000 10 ~ 360.000 00,如图 1 - 2 - 41 所示。

图 1 - 2 - 41　系统提示

8. 在空命令状态下,把十字光标悬停在最左侧等分点附近,按下鼠标左键,往右下拖动十字光标,这时出现一个蓝色的方框如图 1 - 2 - 42 所示(请同学们注意,此时只有圆的直径和七个等分点全部被框在蓝色方框里),再次点击鼠标左键,圆的直径和七个等分点被拾取到,如图 1 - 2 - 43 所示,点击鼠标右键,弹出菜单如图 1 - 2 - 44 所示,选择"删除",圆的直径和七个等分点即被删除掉,如图 1 - 2 - 45 所示。

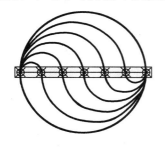

图 1 - 2 - 42　用左上右下拾取框拾取七个点和直径

图 1 - 2 - 43　七个点和直径被拾取到

图 1 - 2 - 44　右键菜单

图 1 - 2 - 45　删除七个点和直径后的图样

拾取元素的方法:

◆ 单个拾取:移动鼠标,将拾取盒移动到所要选择的元素上,点击鼠标左键,该元素即被选中。

◆ 窗口拾取:用鼠标左键在绘图区空白处指定一点,向右下方移动鼠标会拖出一个蓝色的矩形(请注意,第一点在左上,第二点在右下),如图 1 - 2 - 42 所示,这时完全位于窗口内的元素被选中,与窗口相交的元素没有被选中;如果向左上方移动鼠标(请注意,第一点在右下,第二点在左上),则会拖出一个绿色的矩形,这时完全位于窗口内的元素和与窗口相交的元素全部被选中。同学们在学习中须特别注意两种窗口拾取方法的不同。

◆ 显然,窗口拾取元素比单个拾取效率要高,但有些时候窗口拾取不方便时还需要使用单个拾取元素的方法。

删除元素的方法:

◆ 点击"常用/修改/删除",拾取需要删除的元素,单击鼠标右键或者回车。

◆ 拾取需要删除的元素,点击"常用/修改/删除"。

◆ 拾取需要删除的元素,按"Delete"键。

9.点击"中心线",拾取大圆圆周,绘制中心线,标注尺寸,完成后如图1-2-26所示。

任务三 手表、椭圆盘绘制

案例一 手表绘制

手表(图1-3-1)是生活中常见的图形,由圆、直线、圆角组成。本任务将应用"圆""平行线""中心线""圆角""裁剪"等命令实现图形绘制。

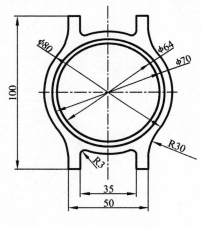

图1-3-1 手表

绘图步骤:

1.新建"手表"文档。

2.分别绘制φ80、φ70、φ64的圆,设定无中心线,如图1-3-2所示。

3.点击"中心线",拾取φ80圆的圆周,绘制中心线,单击右键结束命令,如图1-3-3所示。

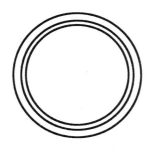
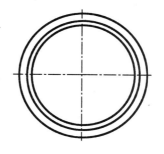

图1-3-2　绘制三个同心圆　　　图1-3-3　绘制中心线

4.点击"常用/基本绘图"区的"平行线"如图1-3-4所示,修改立即菜单为"偏移方式—双向"如图1-3-5所示,拾取水平中心线,键盘输入"100/2",结果如图1-3-6所示,单击右键结束命令。

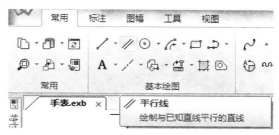

图1-3-4　平行线命令在功能区的位置

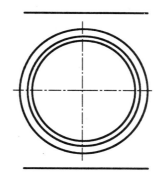

图1-3-5　平行线命令立
即菜单设定和系统操作提示

图1-3-6　作水平中心线的双向平行线

◆ 选择"双向"平行线,输入的距离为双向平行线的一半。

5.延长垂直中心线,结果如图1-3-7所示。

6.同理作垂直中心线的双向平行线,键盘输入"35/2",回车,"50/2",回车,右键单击结束命令,结果如图1-3-8所示。

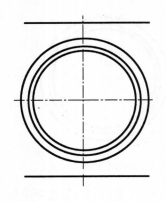 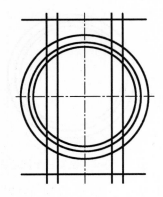

图1-3-7　拉长垂直中心线　　图1-3-8　作垂直中心线的双向平行线

7. 点击"裁剪",裁剪图样如图1-3-9所示。

8. 拾取多余的四条直线,删除,如图1-3-10所示。

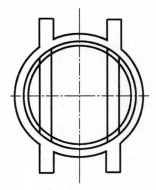 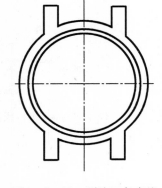

图1-3-9　裁剪图样　　图1-3-10　删除四条直线

　　◆ 初学者容易犯的错误是在图1-3-9的基础上继续使用裁剪命令,直到剩下最后一段无法裁剪,便不知所措了。

　　◆ 一个元素和其他元素有三个以上交点才能使用裁剪命令,当只有两端两个交点时,不能使用裁剪命令,此时可用"删除"命令进行删除。

　　9. 作左下角R3:点击"常用/修改/过渡"右侧倒三角下的"圆角"如图1-3-11所示,修改立即菜单为"裁剪—半径3",系统操作提示如图1-3-12所示,拾取第一条曲线如图1-3-13所示,系统操作提示变为如图1-3-14所示,拾取第二条曲线如图1-3-15所示,结果如图1-3-16所示,继续作出其他三个R3圆角,右键单击结束命令。同理作出四个R30圆角,结果如图1-3-17所示。

图 1 – 3 – 11 圆角命令在功能区的位置

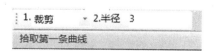

图 1 – 3 – 12 圆角命令立即菜单设定和
系统操作提示

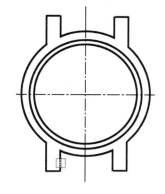

图 1 – 3 – 13 拾取绿色拾取框处的直线 图 1 – 3 – 14 拾取第一条直线后圆角命令系统操作提示

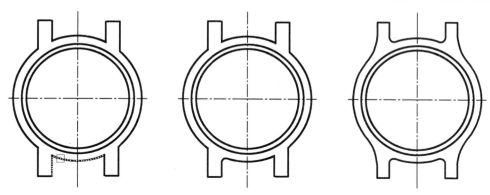

图 1 – 3 – 15 拾取绿色拾取框处的直线 图 1 – 3 – 16 完成左下角圆角 图 1 – 3 – 17 完成其他圆角

10. 标注尺寸,完成图样如图 1 – 3 – 1 所示。

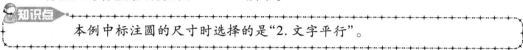

知识点

本例中标注圆的尺寸时选择的是"2.文字平行"。

案例二 椭圆盘绘制

椭圆盘(图 1 – 3 – 18)是机械工业中常用的零件,由椭圆、圆、圆弧组成。本任务将应用"椭圆""圆""镜像"等命令实现图形绘制。

绘图步骤：

1.新建"椭圆盘"文档。

2.点击"常用/高级绘图/椭圆"如图 1-3-19所示，修改立即菜单为"给定长短 轴—长半轴60—短半轴40—旋转角0—起始 角0—终止角360"，系统操作提示如图 1-3-20所示，在适当位置点击鼠标左键作 为基准点，结果如图1-3-21所示。

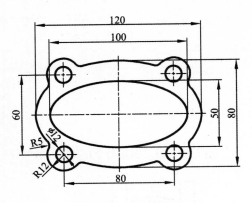

图1-3-18 椭圆盘

在立即菜单中，需要输入的是椭圆的长半轴数值和短半轴数值。

3.点击"中心线"，拾取椭圆圆周任一点，结果如图1-3-22所示。

4.同理绘制长轴为100、短轴为50的椭圆，如图1-3-23所示。

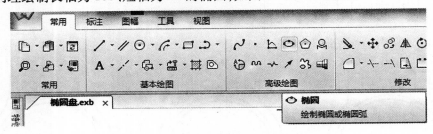

图1-3-19 椭圆命令在功能区的位置

图1-3-20 椭圆命令立即菜单设定和系统操作提示

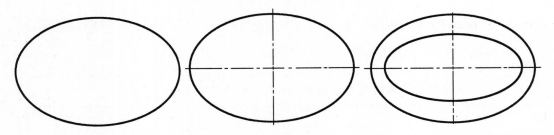

图1-3-21 绘制长轴为 120、短轴为80的椭圆

图1-3-22 绘制椭圆中心线

图1-3-23 绘制长轴为100、 短轴为50的椭圆

5.点击"圆"命令,设定立即菜单和系统操作提示如图1－3－24所示,按下"F4"键,系统操作提示变为如图1－3－25所示,点击两椭圆的中心为参考点,系统操作提示如图1－3－24所示,在 输入状态下键盘输入"@－40,－30",回车,拖动十字光标,出现一个绿色的圆,键盘输入圆的直径"12",回车,再将立即菜单修改为"2.半径"如图1－3－26所示,键盘输入圆的半径"12",回车,单击右键结束命令,结果如图1－3－27所示。

| 1.圆心_半径　▼　2.直径　▼　3.无中心线　▼ |
| 圆心点: |

图1－3－24　圆命令立即菜单设定和系统操作提示

| 1.圆心_半径　▼　2.直径　▼　3.无中心线　▼ |
| 请指定参考点: |

图1－3－25　按下"F4"键后系统操作提示

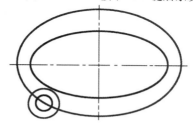

| 1.圆心_半径　▼　2.半径　▼　3.无中心线　▼ |
| 输入直径或圆上一点: |

图1－3－26　指定参考点后系统操作提示

图1－3－27　绘制左下角两个同心圆

知识点

◆在工程制图中,经常需要根据定位尺寸确定一个已知元素相对于另一个元素的位置,可以利用功能键"F4"键来实现。

"F4"键的功能是指定一点作为参考点,然后以该点为基准,通过定位尺寸确定另一点的位置。操作方法为:在命令状态下,按"F4"键,系统提示"请指定参考点",输入一点作为参考点,系统将把该点作为输入下一个相对坐标点的基准点。输入相对坐标后,则相对于参考点可确定另一个点。

◆根据坐标系的不同,点的坐标分为直角坐标和极坐标,又有绝对坐标和相对坐标之分。为区别起见,电子图板中规定:直角坐标在 x、y 坐标之间用","分开。极坐标以"$d < \alpha$"的形式输入。其中"d"表示极径,即点到极坐标原点的距离;"α"表示"极角",即该点和原点的连线与 x 轴正向的逆时针夹角。

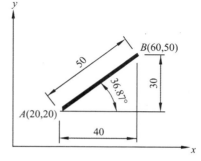

图1－3－28　直角坐标和极坐标

◆相对坐标在坐标数值前加上一个符号"@"。

例如在图1－3－28中:

● "20,20""60,50"为绝对直角坐标。

- • B 点对 A 点的相对直角坐标为"@40,30",表示 B 点相对于 A 点的 x 坐标差为 +40,y 坐标差为 +30。A 点对 B 点的相对直角坐标为"@ -40, -30"。
- • B 点对 A 点的相对极坐标为"@50<36.87",即 A、B 两点间距离为 50,两点连线与 x 轴正向的夹角为 36.87°。

6. 使用"裁剪"和"删除"命令修剪,结果如图 1 - 3 - 29 所示。

7. 使用"圆角"命令作 R5 圆角,如图 1 - 3 - 30 所示。

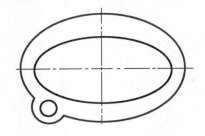

图 1 - 3 - 29 裁剪图样　　　　图 1 - 3 - 30 绘制 R5 圆角

8. 使用"中心线"命令点击 ϕ12 小圆圆周任一点绘制中心线,如图 1 - 3 - 31 所示。

9. 点击"常用/修改/镜像"命令如图 1 - 3 - 32 所示,立即菜单设定和系统操作提示如图 1 - 3 -33 所示,拾取 ϕ12 小圆、中心线、R12 圆弧和 2 个 R5 圆角,系统操作提示仍然为"拾取元素",右键单击结束当前命令,系统操作提

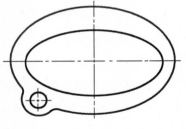

示变为如图1 - 3 -34 所示,拾取垂直中心线为轴线,结果　图 1 - 3 -31　绘制 ϕ12 圆中心线
如图 1 - 3 - 35 所示,使用"裁剪"和"删除"命令修剪图样,结果如图 1 - 3 - 36 所示。

注意:

拾取 ϕ12 小圆、中心线、R12 圆弧和 2 个 R5 圆角时,可以单个拾取,也可以用"右下一左上"窗口拾取,如图 1 - 3 - 37 所示。

图 1 - 3 - 32 镜像命令在功能区的位置

图 1 - 3 - 33 镜像命令立　　　图 1 - 3 - 34 拾取元素后系统操作提示
即菜单设定和系统操作提示

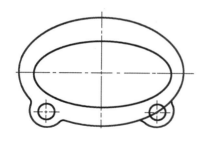

图 1 - 3 - 35　以垂直中心线为轴镜像

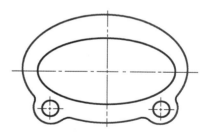

图 1 - 3 - 36　裁剪镜像后图样

10.再次使用"镜像"命令,拾取水平中心线为轴线,并多次使用"裁剪"和"删除"命令,完成图样绘制,如图 1 - 3 - 38 所示。

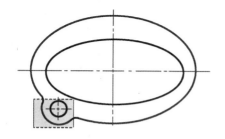

图 1 - 3 - 37　镜像时使用右下左上拾取框

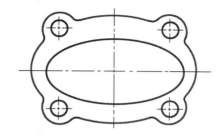

图 1 - 3 - 38　以水平中心线为轴镜像并裁剪

11.标注尺寸,完成图样如图 1 - 3 - 18 所示,图样中设置的文字字高为"5",箭头大小为"5"。

任务四　风扇扇叶绘制

风扇扇叶(图 1 - 4 - 1)是生活中常见的图形,由圆、直线、圆弧组成。本任务将应用"圆""直线""圆弧""裁剪""圆形阵列"等命令实现图形绘制。

绘图步骤:

1.新建"风扇"文档。

2.分别绘制 φ4,φ14 圆,如图 1 - 4 - 2 所示。

3.绘制 R11 圆,如图 1 - 4 - 3 所示。

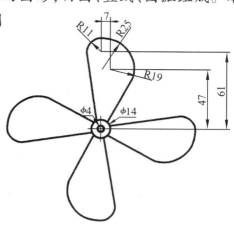

图 1 - 4 - 1　风扇扇叶

◆ R11 圆心点对 $\phi4$ 圆心点的相对直角坐标为"@0,61"。

◆ 绘制 R11 圆时使用"圆心—半径""半径"方式。

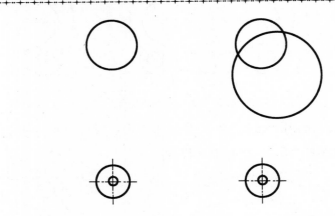

图 1 – 4 – 2　绘制 $\phi4,\phi14$ 圆　　图 1 – 4 – 3　绘制 R11 圆　　图 1 – 4 – 4　绘制 R19 圆

4.绘制 R19 圆,如图 1 – 4 – 4 所示。注意:R19 圆心点对 $\phi4$ 圆心点的相对直角坐标为"@7,47"。

5.绘制 R25 圆弧:点击"常用/基本绘图/圆弧"右侧倒三角"两点半径"如图 1 – 4 – 5 所示,系统操作提示为如图 1 – 4 – 6 所示,按下"空格键",弹出工具点菜单如图 1 – 4 – 7 所示,选择"切点(T)",拖动十字光标靠近 R19 圆的圆周如图 1 – 4 – 8 所示。当出现切点标志如图 1 – 4 – 8 所示时,点击,再次按下"空格键",再次选择"切点(T)",拖动十字光标靠近 R11 圆的圆周如图 1 – 4 – 9 所示,当出现切点标志如图 1 – 4 – 9 所示时,点击,稍稍往右上拖动十字光标,如图 1 – 4 – 10 所示,出现绿色圆弧线,键盘输入25,回车,结果如图 1 – 4 – 11 所示。

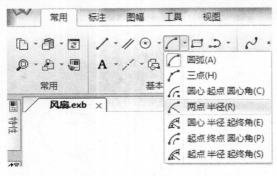

图 1 – 4 – 5　两点—半径命令在功能区的位置

图 1 – 4 – 7　按下空格键显示的工具点菜单

图 1 – 4 – 6　两点—半径命令系统操作提示

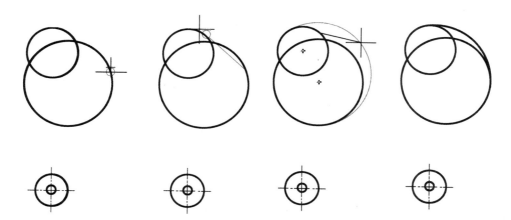

图1-4-8 拾取 R19 圆的圆周　图1-4-9 拾取 R11 圆的圆周　图1-4-10 拾取两切点后显示的绿色圆弧　图1-4-11 完成 R25 圆弧绘制

知识点

◆ 使用"两点半径"命令时,拾取的切点不可离开图样上实际的切点太远。
◆ 在这里为什么不使用"圆角"命令?请同学们自己试一试。
◆ 工具点菜单各点的意义如下:

表1-4-1　工具点菜单各点的意义

屏幕点(S)	屏幕上的任意位置点
端点(E)	曲线的端点
中心(M)	曲线的中点
圆心(C)	圆或圆弧的圆心
孤立点(L)	屏幕上已存在的点
象限点(Q)	圆或圆弧的象限点
交点(I)	两曲线的交点
插入点(R)	图幅元素及块类对象的插入点
垂足点(P)	曲线的垂足点
切点(T)	曲线的切点
最近点(N)	曲线上距离捕捉光标最近的点

6. 绘制两相切直线：点击"直线"，按下"空格键"弹出工具点菜单，选择"切点"，拖动十字光标靠近 $\phi 4$ 圆的圆周（这时适当放大图样可方便拾取），当出现"切点"标志时，点击；再次按下"空格键"弹出工具点菜单，选择"切点"，拖动十字光标靠近 R11 圆弧，当出现"切点"标志时，点击，完成左侧直线绘制；同理绘制右侧直线，结果如图 1-4-12 所示。

7. 使用"裁剪"和"删除"命令修剪图样，结果如图 1-4-13（a）所示，初学者修剪时往往会落掉图 1-4-13（b）中的一小段线段，可放大图样检查。

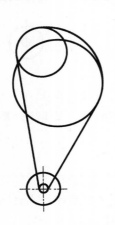  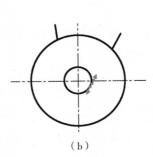

（a） （b）

图 1-4-12　绘制两相切直线　　　图 1-4-13　修剪图样及注意事项

8. 点击"常用/修改/阵列"如图 1-4-14 所示，设定立即菜单为"圆形阵列—旋转—均布—份数 4"，系统操作提示为如图 1-4-15 所示，拾取两条直线、R11、R19、R25 圆弧，点击右键结束拾取，立即菜单变为如图 1-4-16 所示，拾取 $\phi 4$ 圆的圆心为中心点，结果如图 1-4-17 所示。

图 1-4-14　阵列命令在功能区的位置

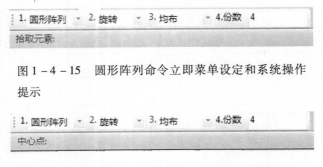

图 1-4-15　圆形阵列命令立即菜单设定和系统操作提示

图 1-4-16　拾取元素后圆形阵列命令系统操作提示

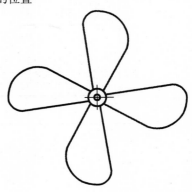

图 1-4-17　完成阵列

9. 标注尺寸,完成图样如图 1 - 4 - 1 所示。

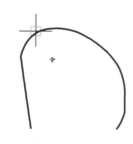

知识点

◆ 标注 R11 和 R19 圆心距 7 的方法:

点击"尺寸标注",拖动十字光标靠近 R11 圆周,在 R11 圆心位置会出现一个蓝色的圆心点如图 1 - 4 - 18,拖动十字光标捕捉该点;再次拖动十字光标靠近 R19 圆周,在 R19 圆心位置也会出现一个蓝色的圆心点,拖动十字光标捕捉,向上拖动十字光标,在合适位置点击即可。

图 1 - 4 - 18　捕捉 R11 圆心点的方法

任务五　雨伞绘制

雨伞(图 1 - 5 - 1)是生活中常见的图形,由圆弧、样条曲线、直线组成。本任务将应用"圆""圆弧""直线""裁剪""样条"等命令实现图形绘制。

绘图步骤:

1. 新建"雨伞"文档。

2. 绘制伞面大圆,尺寸自定,如图 1 - 5 - 2 所示。

图 1 - 5 - 1　雨伞

3. 打开界面右下角"正交",使用"直线"命令绘制圆的两条直径,如图 1 - 5 - 3 所示。

4. 绘制手柄小圆:点击"常用/基本绘图/圆"右侧倒三角下的"两点"如图 1 - 5 - 4 所示,立即菜单设定和系统操作提示如图 1 - 5 - 5 所示,拾取垂直直径下端点为第一点如图 1 - 5 - 6 所示,系统操作提示变为如图 1 - 5 - 7 所示,往左拖动十字光标,在合适位置点击确定第二点,结果如图 1 - 5 - 8 所示。

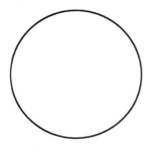

图 1 - 5 - 2　绘制伞面大圆

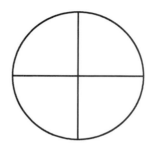

图 1 - 5 - 3　绘制圆的两条直径

图1-5-4　两点方式画圆命令在功能区的位置

图1-5-5　两点方式画圆命令立即菜单设定和系统操作提示

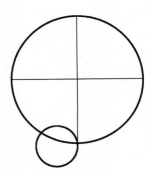

图1-5-6　拾取垂直直径下端点为第一点

图1-5-7　拾取第一点后两点方式画圆命令系统操作提示

图1-5-8　绘制手柄小圆

5. 修剪图样如图1-5-9所示。

6. 将水平直径六等分,并从等分点绘制如图1-5-10所示垂直线。

7. 作水平直径的单向平行线如图1-5-11所示。

8. 取消"正交",点击"常用/高级绘图"区的"样条"如图1-5-12所示,立即菜单设定和系统操作提示如图1-5-13所示,依次拾取图1-5-14中各点,右键单击结束命令。

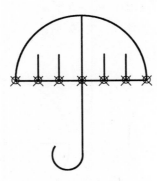

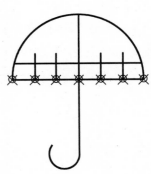

图1-5-9　裁剪图样

图1-5-10　将水平直径六等分

图1-5-11　作水平直径的单向平行线

图1-5-12　样条命令在功能区的位置

图1-5-13　样条命令立即菜单设定和系统操作提示

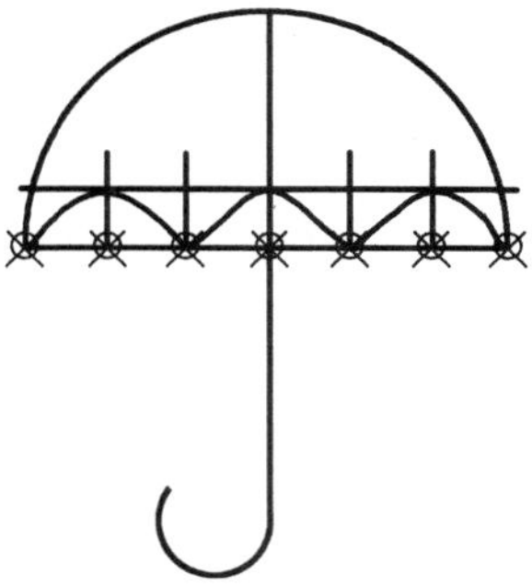

图1-5-14　绘制样条曲线

9.点击"常用/基本绘图/圆弧"右侧倒三角下的"三点"如图1-5-15所示,系统操作提示为如图1-5-16所示,拾取第一点如图1-5-17中十字光标处端点标志所示,系统操作提示变为图1-5-18所示,拾取第二点如图1-5-19中十字光标处,系统操作提示变为图1-5-20所示,拾取第三点如图1-5-21中十字光标处交点标志所示,结果如图1-5-22所示。

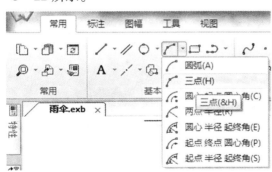

图1-5-15　三点方式画圆命令在功能区的位置

第一点(切点):

图1-5-16　三点方式画圆命令系统操作提示

图1-5-17　拾取十字光标处端点

第二点(切点):

图1-5-18　拾取第一点后三点方式画圆命令系统操作提示

图1-5-19　在十字光标处点击作为第二点

第三点(切点):

图1-5-20 拾取第二点后三
点方式画圆命令系统操作提示

图1-5-21 拾取十字光
标处交点作为第三点

图1-5-22 完成一条伞
面圆弧绘制

10.同理绘制其他圆弧如图1-5-23所示。

图1-5-23 绘制伞面其他圆弧

11.删除不需要的点和直线,完成图样如图1-5-1所示。

任务六 塑料凳绘制

塑料凳(图1-6-1)是生活中常见的图形,由圆、直线、椭圆、圆弧组成。本任务将应用"椭圆""圆""角度线""平行线""镜像""图层""裁剪""导航""大圆弧标注"等命令实现图形绘制。

绘图步骤:

1.绘制俯视图:点击"圆",设定立即菜单为"圆心半径—半径—有中心线—中心线延伸长度3",绘制2个R120圆,两圆圆心间距120,如图1-6-2所示。

2.绘制两R120圆的两条切线:点击"直线",分别捕捉两圆的象限点,如图1-6-3所示。请注意,在这里,象限点即是切点。

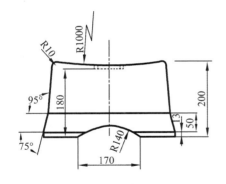
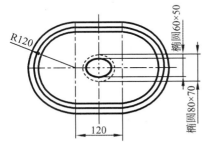

图 1-6-1 塑料凳

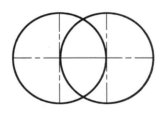

图 1-6-2 绘制两圆心距为 120、半径为 120 的圆

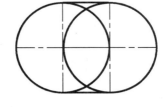

图 1-6-3 绘制两圆切线

3. 修剪图样,结果如图 1-6-4 所示。

4. 绘制主视图:切换界面右下角捕捉方式为"导航",点击"直线",立即菜单设定为"两点线—连续",捕捉俯视图中左边 R120 圆弧的象限点,往上拖动十字光标,出现虚线样的导航线如图 1-6-5 所示,在适当位置点击(即输入了直线的第一点),往右拖动十字光标,捕捉右侧 R120 圆弧的右侧象限点,往上拖动十字光标,在如图 1-6-6 所示位置点击(即输入了直线的第二点),往上拖动十字光标,键盘输入"13",回车,再往左拖动十字光标,捕捉如图 1-6-7 所示直线的左端点,点击,再次捕捉该点,点击,右键结束命令,结果如图1-6-8所示。

5. 点击"常用/基本绘图"区"直线"右侧倒三角下的"角度线",如图 1-6-9 所示,立即菜单设定和系统操作提示如图 1-6-10 所示,捕捉第一点如图 1-6-11 所示,系统操作提示变为如图 1-6-12 所示,在适当位置点击,确定第二点,结果如图 1-6-13 所示。

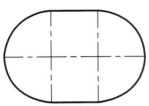
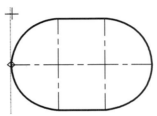

图 1-6-4 修剪图样　　图 1-6-5 使用导航命令捕捉图样最左象限点

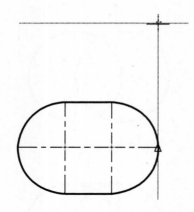

图1-6-6 使用导航命令捕捉图样最右象限点

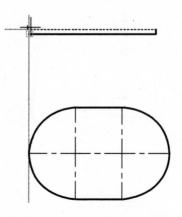

图1-6-7 捕捉主视图左下端点

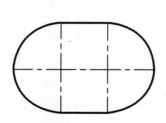

图1-6-8 完成塑料凳底部矩形绘制

图1-6-9 角度线命令在功能区的位置

图1-6-10 角度线命令立即菜单设定和系统操作提示

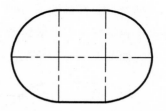

图1-6-11 利用导航捕捉十字光标处的端点

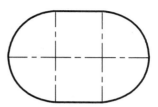

图1-6-12　拾取第一点后角度线命令系统操作提示　　图1-6-13　绘制75°斜线

6. 作距离为63的单向平行线,如图1-6-14所示。

7. 切换"中心线层"为当前层,打开"正交",点击"直线"命令,捕捉直线的中点如图1-6-15所示,稍稍往下拖动十字光标,点击作为中心线的第一点,往上拖动十字光标,在合适位置点击确定中心线的第二点,同理作出俯视图的中心线,如图1-6-16所示。

8. 修剪图样,如图1-6-17所示。

9. 使用"镜像"作出左边75°线的对称线并修剪图样,如图1-6-18所示。

10. 切换"粗实线层"为当前层,作95°角度线,距离200单向平行线,并修剪,结果如图1-6-19所示。

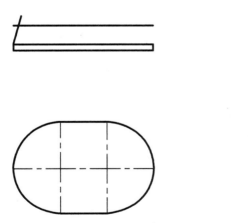

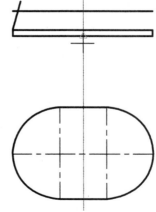

图1-6-14　作距离为63的单向平行线　　图1-6-15　捕捉塑料凳底部直线的中点

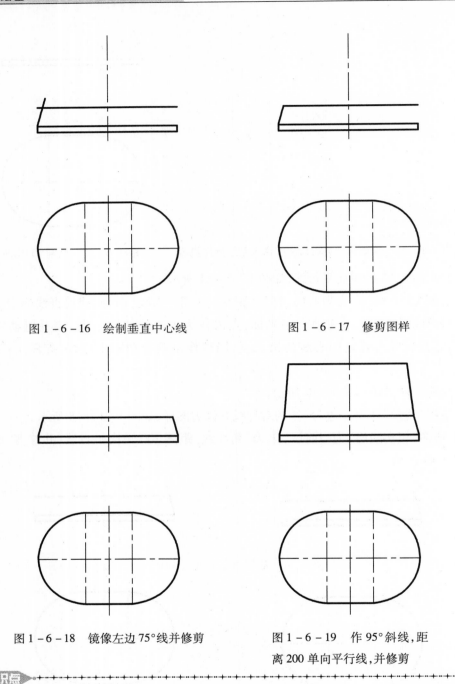

图1-6-16　绘制垂直中心线　　　　图1-6-17　修剪图样

图1-6-18　镜像左边75°线并修剪　　　图1-6-19　作95°斜线，距
离200单向平行线，并修剪

◆ 作95°角度线时，立即菜单设定和 x 轴夹角的度数为85°，请同学们想一想为什么。

11.点击"圆"，设定立即菜单为"圆心半径—半径—无中心线"，以左侧R120圆的圆心为圆心，如图1-6-20所示，捕捉主视图中直线的左端点作为圆的半径画圆，结果如图1-6-21所示。

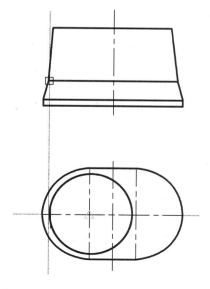
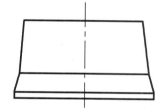
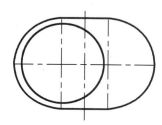

图 1 - 6 - 20　捕捉主视图中直线的左端点　　　图 1 - 6 - 21　绘制第二层圆

12. 同理继续绘制图样,如图 1 - 6 - 22 所示。

知识点

> 绘制 80×70 椭圆时,要先切换"虚线层"为当前层,绘制椭圆结束后,再切换到"粗实线层"继续后边图样的绘制。

13. 作 R1 000 圆弧:点击"常用/基本绘图/圆"右侧倒三角下的"两点半径"如图 1 - 6 - 23 所示,拾取第一点如图 1 - 6 - 24 所示十字光标处直线右端点,拾取第二点如图 1 - 6 - 25 所示十字光标处直线左端点,拖动十字光标出现图 1 - 6 - 26 所示时,键盘输入"1 000",回车,结果如图 1 - 6 - 27 所示,修剪图样如图 1 - 6 - 28 所示。

14. 绘图主视图中两椭圆的投影,注意使用导航实现"主俯视图长对正",如图 1 - 6 - 29 所示。

15. 作两个 R10 圆角,如图 1 - 6 - 30 所示。

16. 作 R140 圆弧,如图 1 - 6 - 31 所示。

17. 标注 75°:点击"尺寸标注",系统操作提示如图 1 - 6 - 32 所示,拾取第一条直线如图 1 - 6 - 33 所示,系统操作提示变为如图 1 - 6 - 34 所示,拾取第二条直线如图 1 - 6 - 35 所示,往左下角稍稍拖动十字光标,在合适的位置点击,结果如图 1 - 6 - 36 所示。

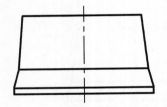

图1-6-22　完成图样　　　　图1-6-23　两点半径方式画圆命令在功能区的位置

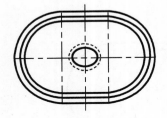

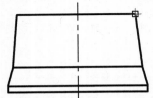

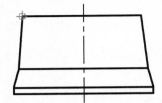

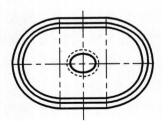

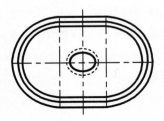

图1-6-24　捕捉十字光标处的端点　　　　图1-6-25　捕捉十字光标处的端点

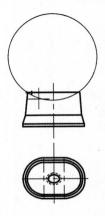

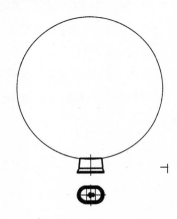

图1-6-26　当出现这个位置的绿色圆时键盘输入"1 000"　　　　图1-6-27　作R1 000圆

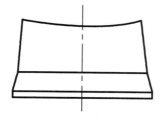 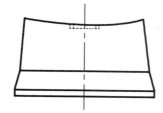

图1-6-28 裁剪R1 000圆后的图样　图1-6-29 绘图主视图中两椭圆的投影

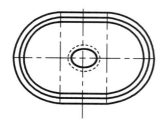 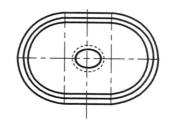

图1-6-30 作两个R10圆角　图1-6-31 作R140圆弧

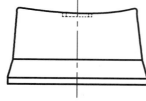 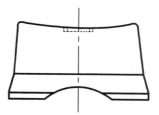

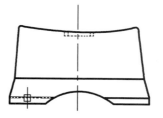

图1-6-32 尺寸标注命令　图1-6-33 拾取十字光标处直线
立即菜单设定和系统操作提示

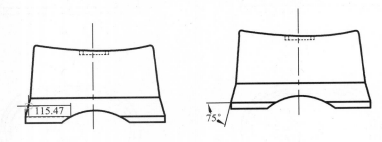

图1-6-34　拾取第一点后立即菜单设定和系统操作提示

图1-6-35　拾取十字光标处直线　　图1-6-36　完成75°角标注

> **知识点**
>
> 　　标注95°时在拾取了角的两条边后往左拖动十字光标即可,也就是说拾取了一个角的两条边后,可以标注跟该角度相关的四个角度值。

18. 标注R1 000:点击"常用/标注/尺寸标注"右侧倒三角下的"大圆弧"如图1-6-37所示,立即菜单和系统操作提示如图1-6-38所示,拾取R1 000圆弧,系统操作提示变为如图1-6-39所示,在适当位置点击作为第一引出点,系统操作提示变为如图1-6-40所示,再次在适当位置点击作为第二引出点,系统操作提示变为如图1-6-41所示,在合适位置点击确定定位点,结果如图1-6-42所示。

19. 椭圆标注:点击"尺寸标注",按下空格键,在弹出的工具菜单中点击"象限点",捕捉如图1-6-43所示椭圆的象限点,捕捉如图1-6-44所示椭圆的另一个象限点,往右拖动十字光标,这时图样和十字光标上显示如图1-6-45所示,单击右键打开尺寸标注属性设置对话框如图1-6-46所示,在前缀栏输入"椭圆",基本尺寸修改为"60",后缀栏输入"×50",注意"×"的输入如图1-6-47所示,修改后的尺寸标注属性设置对话框如图1-6-48所示,点击"确定",结果如图1-6-49所示。

20. 标注其他尺寸,完成图样如图1-6-1所示。

> **知识点**
>
> 　　◆ 标注右侧总高尺寸200时,因为R10圆角不易拾取,可再次做出间距200的单向平行线,标注完总高尺寸后,删除辅助线即可。
>
> 　　◆ 标注尺寸时,把捕捉状态切换为"智能"更方便。
>
> 　　◆ 为了使标注的尺寸清晰明了,点击"标注/样式管理/尺寸",打开"标注风格设置"对话框,设置箭头大小为"6",文字字高为"6",调整标注总比例为"3"。

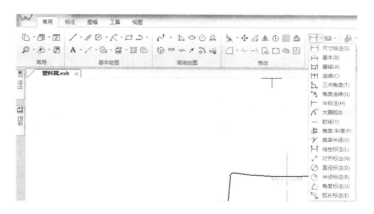

图 1 - 6 - 37　大圆弧标注命令在功能区的位置

图 1 - 6 - 38　大圆弧标注命令立即菜单设定和系统操作提示

图 1 - 6 - 39　拾取圆弧后系统操作提示

图 1 - 6 - 40　指定第一引出点后系统操作提示

图 1 - 6 - 41　指定第二引出点后系统操作提示

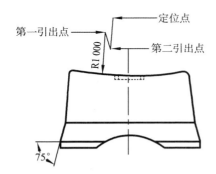

图 1 - 6 - 42　大圆弧标注
系统操作提示中各点释义

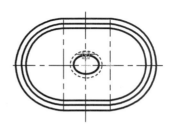

图 1 - 6 - 43　拾取十字光标处的点作为第一点

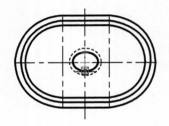

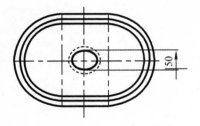

图1-6-44 拾取十字光标处的点作为第二点　　图1-6-45 拾取两点后的显示

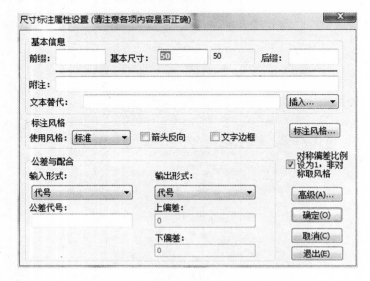

图1-6-46 右键单击打开尺寸标注属性设置对话框

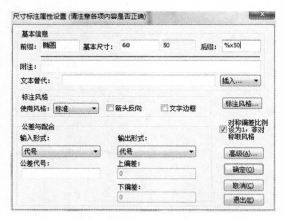

图1-6-47 乘号的输入方法　　　　图1-6-48 尺寸标注属性设置对话框填写

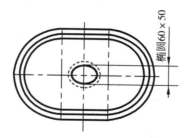

图1-6-49　完成60×50椭圆标注

任务七　综合练习

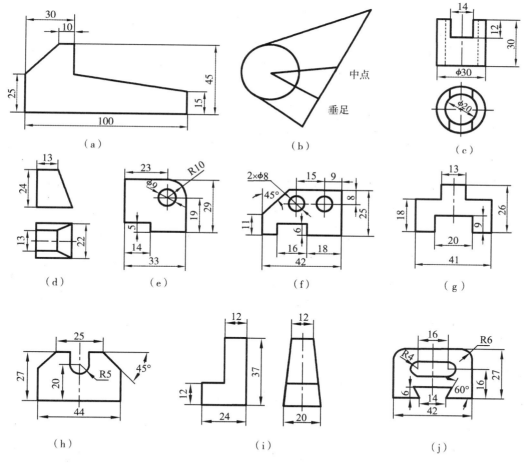

图1-7　练习图样

项目二 ▶▶▶	**简单图样绘制**

任务一　奥运会五环绘制

奥运五环(图2-1-1)是同学们熟悉的图形,主要由圆组成。本任务将应用"图层""圆""平移""平移复制""填充"等命令实现图形绘制。

图2-1-1　奥运五环

绘图步骤:

1.新建"奥运五环"文档。

2.点击"属性/图层"命令,打开"层设置"对话框,点击"新建",打开对话框如图2-1-2所示,点击"是",在打开的"新建风格"对话框中填写"风格名称"为"蓝色层","基准风格"选择"粗实线层"如图2-1-3所示,点击"下一步",则"层设置"对话框里添加了"蓝色层"图层,如图2-1-4所示,继续新建"黄色层""绿色层""红色层"图层,如图2-1-5所示(不新建黑色图层是因为我们可以使用粗实线层),这时新建各图层的"颜色"均为黑白色。

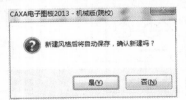

图2-1-2　执行新建风格命令后系统提示　　图2-1-3　新建风格

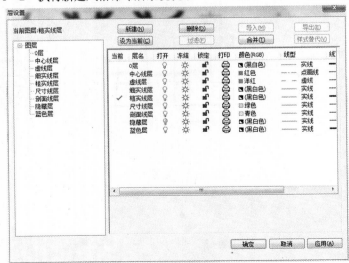

图2-1-4　层设置中新建了蓝色层

图 2 – 1 – 5　新建蓝色、黄色、绿色、红色层

3. 双击"蓝色"图层一栏的"颜色"栏,打开"颜色选取"对话框如图 2 – 1 – 6 所示,拾取"蓝色",点击"确定",则该图层的颜色修改成了"蓝色",继续修改其他图层的颜色如图 2 – 1 – 7 所示,点击"确定",完成图层设置。

4. 绘制一条直线,长度适当,把直线 4 等分,如图 2 – 1 – 8 所示。

5. 切换"蓝色层"为当前层,在左边第一点处绘制大小合适的同心圆,如图 2 – 1 – 9 所示。

6. 点击"常用/修改/平移复制"命令如图 2 – 1 – 10 所示,立即菜单设定和系统操作提示为如图 2 – 1 – 11 所示,拾取两同心圆,点击结束拾取,系统操作提示变为如图 2 – 1 – 12 所示,拾取两同心圆的圆心为第一点,系统操作提示变为如图 2 – 1 – 13 所示,点击直线下方适当位置作为第二点,这样复制了一次同心圆,系统操作提示仍为如图 2 – 1 – 13 所示,在第二个同心圆右侧适当位置,再次复制同心圆,一共需要复制四个同心圆,右键单击结束命令如图 2 – 1 – 14 所示。

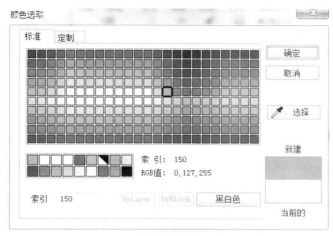

图 2 – 1 – 6　修改层颜色

图2-1-7　修改新建四个图层的颜色

图2-1-8　直线四等分

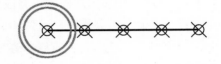

图2-1-9　在左端点处作两个同心圆

图2-1-10　平移复制命令在功能区的位置

图2-1-11　平移复制命令立即菜单设定和系统操作提示

图2-1-12　拾取元素后的系统操作提示

图2-1-13　拾取第一点后的系统操作提示

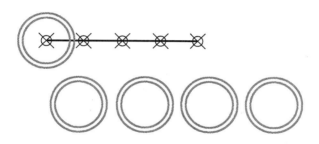

图2-1-14　使用平移复制命令复制四个同心圆

7. 拾取第二个同心圆,切换"黄色"为当前层,则该同心圆修改到了"黄色层"图层。拾取第三个同心圆,切换"粗实线层"为当前层,则该同心圆修改到了"粗实线层"。同理修改其他两个同心圆分别到"绿色层"和"红色层"图层,如图2-1-15所示。(请同学们注意,我们的教材因为不是彩色印刷,看起来效果不明显。)

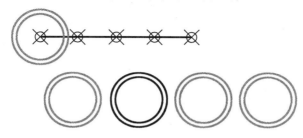

图2-1-15　修改各同心圆到各自的层

8. 切换"蓝色层"为当前层,点击"常用/基本绘图"区的"填充"命令如图2-1-16所示,立即菜单设定和系统操作提示如图2-1-17所示,在两个同心圆之间的区域如图2-1-18所示十字光标处点击,即拾取到环内一点,系统操作提示变为如图2-1-19所示,再在小圆内如图2-1-20所示十字光标处点击又拾取到环内一点,这时系统操作提示仍为如图2-1-19所示,右键单击结束拾取命令,结果如图2-1-21所示,这时为第一个同心圆填充了蓝色。

9. 同理填充其他四个同心圆,从左往右依次为黄色、黑色、绿色、红色。如图2-1-22所示。

10. 拾取黑色同心圆及其填充,右键单击弹出菜单如图2-1-23所示,点击"平移"命令,立即菜单设定和系统操作提示如图2-1-24所示,用十字光标捕捉黑色同心圆的圆心为第一点,系统操作提示如图2-1-25所示,捕捉直线的第三个等分点为第二点,点击,结果如图2-1-26所示,这时黑色同心圆平移到了指定位置。

图2-1-16　填充命令在功能区的位置

图2-1-17　填充命令立即菜单设定和系统操作提示

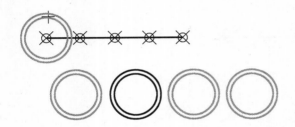

图 2 - 1 - 18　拾取蓝色环内十字光标处的点

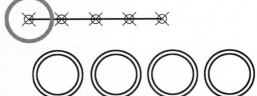

图 2 - 1 - 19　拾取环内一点后系统操作提示

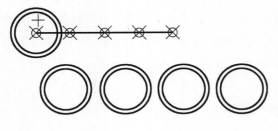

图 2 - 1 - 20　拾取十字光标处的点

图 2 - 1 - 21　为第一个同心圆填充蓝色

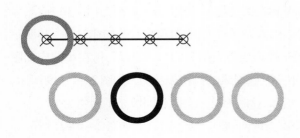

图 2 - 1 - 22　填充各个同心圆

图 2 - 1 - 23　右键菜单中的平移命令

图 2 - 1 - 24　平移命令立即菜单设定和系统操作提示

图 2 - 1 - 25　拾取第一点后系统操作提示

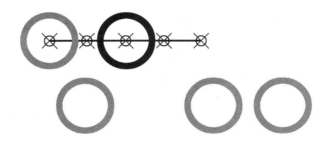

图 2 - 1 - 26　平移黑色同心圆及其填充

11.同理平移红色同心圆及其填充到直线的第五个等分点,如图 2 - 1 - 27 所示。

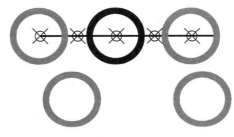

图 2 - 1 - 27　平移红色同心圆及其填充

12.关闭"正交",打开"导航",拾取黄色同心圆及其填充,使用"平移"命令将其平移到直线的第二个等分点下方合适位置,如图 2 - 1 - 28 所示(注意图中的垂直导航线),点击,确定其位置,如图 2 - 1 - 29 所示。

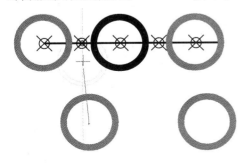

图 2 - 1 - 28　使用导航命令平移黄色同心圆及其填充

图 2 - 1 - 29　平移黄色同心圆及其填充

13.同理平移绿色同心圆及其填充,平移时注意水平和垂直导航线,如图 2 - 1 - 30 所示,结果如图 2 - 1 - 31 所示。

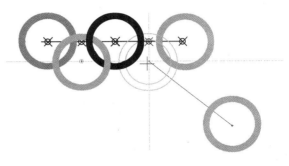

图 2 - 1 - 30　使用导航命令平移绿色同心圆及其填充

图 2－1－31　平移绿色同心圆及其填充

14.删除直线和等分点,完成图样如图 2－1－1 所示。

任务二　手柄绘制

手柄(图 2－2－1)是机械工业中常用的零件,由直线、圆、圆弧、圆角组成。本任务将应用"直线""圆""圆角""镜像"等命令实现图形绘制。

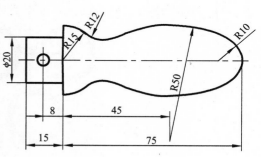

图 2－2－1　手柄

绘图步骤:

1.打开"正交",点击"直线"命令,立即菜单设定为"两点线—连续",在绘图区适当位置点击作为第一点,向右拖动十字光标,键盘输入"15",回车,向上拖动十字光标,键盘输入"20",回车,向左拖动十字光标,键盘输入"15",回车,向下拖动十字光标,捕捉矩形左下角点,右键单击结束"直线"命令,则绘制出长 15、宽 20 的矩形,并绘制矩形水平中心线,如图 2－2－2 所示。

图 2－2－2　用直线命令绘制左端矩形

> **知识点**
>
> 　　在本例中,不适合用"矩形"命令来绘制长 15、宽 20 的矩形,因为在后边的步骤中需要将矩形的右边线往上、往下拉长,用"矩形"命令绘制出的矩形,四条边是一个整体,不能把一条边单独拉长。

2.绘制 R10 圆:该圆圆心和矩形右边线中点的距离为 75 － 10 ＝65,则 R10 圆的圆心相对于矩形右边线中点的相对直角坐标为(@65,0),结果如图 2－2－3 所示。

3.延长矩形右边线,绘制 R15 圆弧并修剪图样,如图 2－2－4 所示。

图 2－2－3　绘制右端 R10 圆　　　　　图 2－2－4　绘制 R15 圆弧并修剪

4. 打开"图层"里的"隐藏层",并把"隐藏层"切换为当前层。作矩形右边线的单向平行线,向右,距离为45,如图2-2-5所示。

5. 再作该辅助直线的单向平行线,向左,距离为50,如图2-2-6所示。

图2-2-5　作矩形右边线的单向平行线　　　图2-2-6　作辅助直线的单向平行线

6. 切换"粗实线层"为当前层,点击"两点半径"方式画圆,按下"空格键",点击"切点",拾取R10圆的圆周为第一点,再次按下"空格键",点击"切点",点击拾取两条辅助线中的左边一条为第二点,键盘输入"50",回车,结果如图2-2-7所示。

7. 打开"图层"对话框,关闭隐藏层,点击"确定",这时两条辅助平行线消失了,在R15圆弧和R50圆之间作R12圆角,如图2-2-8所示。

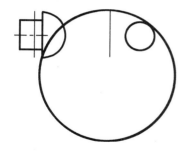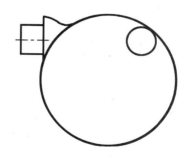

图2-2-7　作R50圆　　　　　图2-2-8　作R12圆弧

8. 修剪图样,如图2-2-9所示。

9. 延长水平中心线,使用"镜像"命令,镜像R15、R12、R50圆弧,如图2-2-10所示。

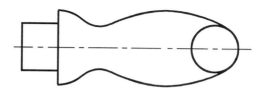

图2-2-9　修剪图样　　　　　图2-2-10　以水平中心线为轴镜像图样

10. 修剪图样,如图2-2-11所示。

11. 绘制φ5圆孔,如图2-2-12所示。

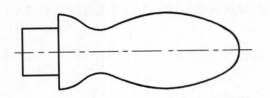

图 2 - 2 - 11　修剪图样

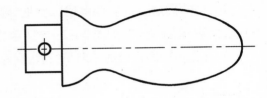

图 2 - 2 - 12　绘制 φ5 圆孔

12. 标注尺寸,完成图样,如图 2 - 2 - 1 所示。

任务三　垫片绘制

　　垫片(图 2 - 3 - 1)是机械工业中常用的零件,由椭圆、圆、圆弧组成。本任务将应用"椭圆""圆""镜像""圆角""角度线""打断""基线标注"等命令实现图形绘制。

　　绘图步骤:

　　1. 新建"垫片"文档。

　　2. 绘制长轴80、短轴40椭圆,并绘出中心线,如图 2 - 3 - 2 所示。

　　3. 绘制 R23 圆:点击"圆"命令,立即菜单设定为"圆心—半径—半径—无中心线",按下"F4"键,拾取椭圆中心为参考点,R23 圆的圆心对参考点的相对直角坐标为"@25,0",结果如图 2 - 3 - 3 所示。

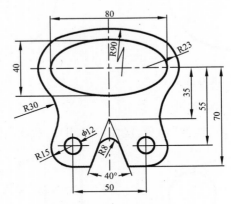

图 2 - 3 - 1　垫片

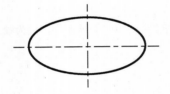

图 2 - 3 - 2　绘制长轴80、短轴40椭圆　　　　图 2 - 3 - 3　绘制 R23 圆

　　4. "镜像"该圆,结果如图 2 - 3 - 4 所示。

5. 绘制 R90 圆弧:使用"两点—半径"方式,分别拾取两个 R23 圆的圆周作为切点,拖动十字光标,当出现如图 2 - 3 - 5 所示的绿色圆时,键盘输入"90",回车,结果如图 2 - 3 - 6所示。

> 🔲 知识点
>
> ◆ 一定要等到出现如图 2 - 3 - 5 所示的绿色圆时,再进行下一步的操作,特别要注意绿色圆的位置,否则结果会大相径庭。
>
> ◆ 请同学们试一试做 R90 圆角行不行,答案是否定的。

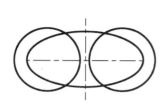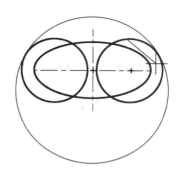

图 2 - 3 - 4　镜像 R23 圆　　图 2 - 3 - 5　当出现这个位置的绿色圆时键盘输入"90"

6. 修剪图样,如图 2 - 3 - 7 所示。

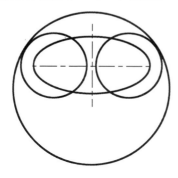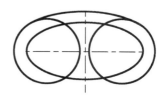

图 2 - 3 - 6　绘制 R90 圆弧　　　　图 2 - 3 - 7　修剪图样

7. 绘制 R15 和 ϕ12:点击"圆"命令,立即菜单设定为"圆心—半径—半径—无中心线",按下"F4"键,拾取椭圆中心为参考点,圆心对参考点的相对直角坐标为"@25,-55",键盘输入"6",回车,再输入"15",回车,绘制 ϕ12 圆的中心线,结果如图 2 - 3 - 8所示。

8. 作 R30 圆角,如图 2 - 3 - 9 所示。

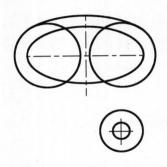

图2-3-8　绘制R15和φ12

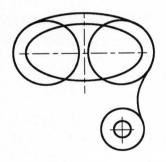

图2-3-9　作R30圆角

9.作水平中心线的单向平行线,距离为70,如图2-3-10所示。

10.使用"裁剪"和"删除"命令修剪图样,如图2-3-11所示。

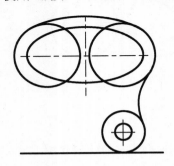

图2-3-10　作水平中心线的单向平行线

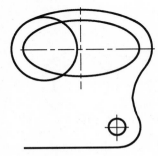

图2-3-11　修剪图样

11.打开"正交"命令,拉长水平和垂直中心线,"镜像"R30、R15和φ12,如图2-3-12所示。

12.修剪图样,如图2-3-13所示。

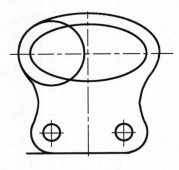

图2-3-12　镜像R30、R15和φ12

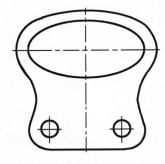

图2-3-13　修剪图样

13.切换"细实线层"为当前层,点击"角度线",立即菜单设定为如图2-3-14所示,按下"F4"键,拾取椭圆中心为参考点,键盘输入"@0,-35"作为第一点,往右下角拖动十字光标,在适当位置点击作为第二点,结果如图2-3-15所示。

14."镜像"该细实线,如图2-3-16所示。

图2-3-14 角度线命令立即菜单设定和系统操作提示

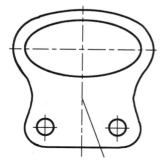

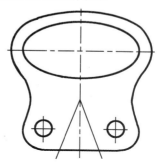

图2-3-15 作40°角度线的右边线　　　图2-3-16 镜像角度线

15. 切换"粗实线层"为当前层,点击"圆角"命令,立即菜单设定为"不裁剪—半径8",作出R8圆角,如图2-3-17所示。

16. 取消"正交",点击"直线"命令绘制40°角的两直线边,注意使用智能点捕捉,如图2-3-18所示。

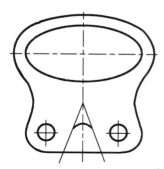

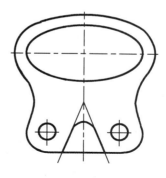

图2-3-17 作R8圆角　　　　图2-3-18 绘制40°角的两直线边

17. 点击"常用/修改/打断"命令如图2-3-19所示,立即菜单设定和系统操作提示如图2-3-20所示,拾取40°左侧细实线,系统操作提示变为如图2-3-21所示,在图2-3-22中十字光标处即打断点处点击,该直线被打断。

图2-3-19 打断命令在功能区的位置　　　图2-3-20 打断命令立即菜单设定和系统操作提示

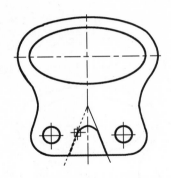

图2-3-21 拾取直线后系统操作提示　　　　图2-3-22 拾取十字光标处的点作为打断点

知识点

◆ 请同学们注意，做完这一步后图样看不到任何变化，但是直线已经被打断成两段。

◆ 检验直线是否被打断的方法：拾取该直线的左下角，打断前如图2-3-23(a)所示，打断后如图2-3-23(b)所示。

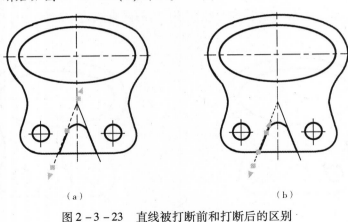

（a）　　　　　　　　　　　　　　（b）

图2-3-23 直线被打断前和打断后的区别

18. 删除已打断直线（细实线）的下半部分，同理修剪右边细实线，裁剪多余的直线，结果如图2-3-24所示。

19. 用"基线"标注命令标注右侧尺寸：点击"常用/尺寸标注"右侧倒三角下的"基线"命令如图2-3-25所示，系统操作提示如图2-3-26所示，拾取水平中心线的右端点为第一引出点，系统操作提示变为如图2-3-27所示，拾取图2-3-28中十字光标处作为第二引出点，系统操作提示变为如图2-3-29所示，往右拖动十字光标，在合适位置处如图2-3-30所示点击确定尺寸线位置，系统操作提示又变为如图2-3-27所示，拾取φ12圆的圆心为第二引出点，系统操作提示仍为如图2-3-27所示，再拾取右侧底

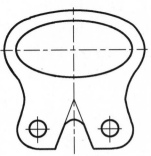

图2-3-24 修剪图样

部直线右端点为第二引出点,按"Esc"键结束当前命令,结果如图 2 – 3 – 31 所示。

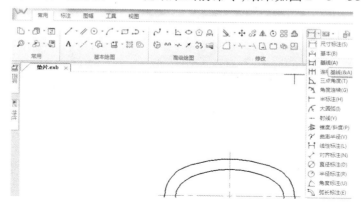

图 2 – 3 – 25　基线标注命令在功能区的位置

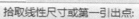

图 2 – 3 – 26　基线标注命
令系统操作提示

图 2 – 3 – 27　拾取第一引出点后立即菜单和系统操作提示

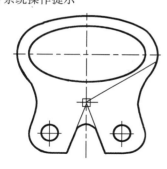

图 2 – 3 – 28　拾取十字光标处的点作
为第二引出点

图 2 – 3 – 29　拾取第二引出点后系统操作提示

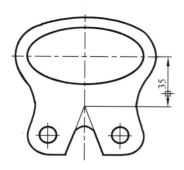

图 2 – 3 – 30　确定尺寸线位置

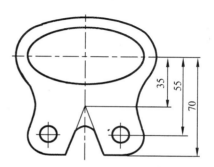

图 2 – 3 – 31　用基线标注命令标注右侧尺寸

20.标注其他尺寸,完成图样如图2－3－1所示。

任务四　扳手绘制

扳手(图2－4－1)是机械工业中常用的工具,由正六边形、直线、圆、圆角组成。本任务将应用"圆""正多边形""平行线""圆角""文字"等命令实现图形绘制。

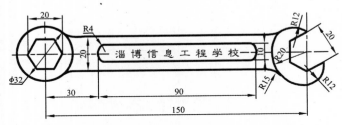

图2－4－1　扳手

绘图步骤:

1.新建"扳手"文档。

2.绘制左端ϕ32圆:点击"圆"命令,绘制ϕ32圆,设定有中心线。

3.绘制左端正六边形:点击"正多边形"命令,立即菜单设定为"中心定位—给定半径—内接于圆—边数6—旋转角0—无中心线",拾取ϕ32圆的圆心为中心点,输入半径"10",回车,结果如图2－4－2所示。

4.绘制右端正六边形:点击"正多边形"命令,立即菜单设定为"中心定位—给定半径—外切于圆—边数6—旋转角90—无中心线",按下"F4"键,拾取左端ϕ32圆的圆心为参考点,键盘输入"@150,0",再输入"10",回车,结果如图2－4－3所示。

图2－4－2　绘制左端圆和正六边形　　　　图2－4－3　绘制右端正六边形

5.绘制右端R20圆:点击"圆"命令,设定立即菜单为"圆心—半径—半径—有中心线—中心线延伸长度3",按下"F4"键,拾取左端ϕ32圆的圆心为参考点,键盘输入"@150,0",再输入"20",回车,结果如图2－4－4所示。

6.绘制右端两个R12圆弧:点击"两点—半径"方式画圆,拾取正六边形的上方顶点如图2－4－5中十字光标处为第一点,按下"空格"键,弹出工具点菜单,选择"切点",拾取R20圆的圆周如图2－4－6所示为第二点,键盘输入"12",回车,结果如图2－4－7所示。同理绘制另一个R12圆,如图2－4－8所示。

图 2 - 4 - 4 绘制右端 R20 圆

图 2 - 4 - 5 拾取十字光标处的点作为第一点

图 2 - 4 - 6 拾取 R20 圆的圆周作为第二点

图 2 - 4 - 7 绘制 R12 圆

图 2 - 4 - 8 绘制另一个 R12 圆

7. 拾取右端正六边形,右键单击,在弹出的菜单中选择"分解"命令,这时图样表面上没有任何变化,但是原来是一个整体的正六边形已经分解为一条一条的直线了,删除多余的直线,继续修剪图样,请同学们注意三个圆两两相切时切点附近小段曲线的裁剪如图 2 - 4 - 9 所示,删掉水平中心线,结果如图 2 - 4 - 10 所示。

8. 延长左端 ϕ32 圆的水平中心线,点击"平行线",立即菜单设定为"偏移方式—双向",拾取水平中心线,键盘输入"10",回车,单击右键结束该命令,然后修剪图样,再绘制四个 R15 圆角,结果如图 2 - 4 - 11 所示。

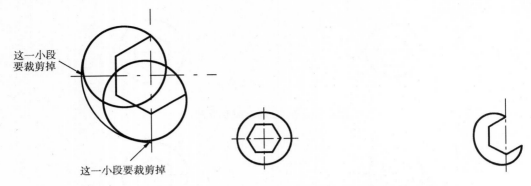

图 2 - 4 - 9　裁剪时的注意事项　　　　图 2 - 4 - 10　裁剪完成后的图样

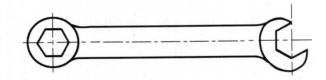

图 2 - 4 - 11　绘制扳手手柄

9. 绘制扳手手柄中间的圆角矩形，如图 2 - 4 - 12 所示。

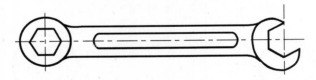

图 2 - 4 - 12　绘制扳手手柄中间的圆角矩形

10. 绘制文字：点击"常用/基本绘图/文字"命令如图 2 - 4 - 13 所示，立即菜单设定和系统操作提示如图 2 - 4 - 14 所示，拾取扳手手柄中间的圆角矩形的左上角点为第一点，系统操作提示变为如图 2 - 4 - 15 所示，拾取扳手手柄中间的圆角矩形的右下角点为第二点，弹出文字编辑对话框如图 2 - 4 - 16 所示，设定中文为"隶书"，字高为"7"，键盘输入"淄博信息工程学校"，再设置左右"中对齐"，上下"中对齐"，字符间距系数为"0.9500"（文字间距是否合适，要通过点击上下箭头调整），点击"确定"，结果如图 2 - 4 - 17 所示。

图 2 - 4 - 13　文字命令在功能区的位置

图 2 - 4 - 14　文字命令立即菜单设定和系统操作提示

图 2 - 4 - 15　拾取第一点
后系统操作提示

图 2 - 4 - 16　在文本编辑器中输入文字

图 2 - 4 - 17　完成文字编辑

11. 标注尺寸,完成图样如图 2 - 4 - 1 所示。

任务五　接头绘制

接头(图 2 - 5 - 1)是机械工业中常用的零件,由直线、圆组成。本任务将应用"直线""圆""导航""F7"键等命令实现图形绘制。

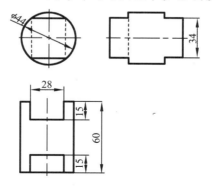

图 2 - 5 - 1　接头

绘图步骤:

1. 新建"接头"文档。

2. 绘制 $\phi44$ 圆柱的主视图,如图 2 - 5 - 2 所示。

3. 绘制 $\phi44$ 圆柱的俯视图:打开"正交",打开"导航",点击"直线"命令,设定立即菜单为"两点线—连续",捕捉主视图中 $\phi44$ 圆的左象限点,往下拖动十字光标,在主视图下方适当位置(请注意要留出标注尺寸的位置)点击作为第一点,往下拖动十字光标,键盘输入"60",回车,往右拖动十字光标,键盘输入"44",回车,往上拖动十字光标,键盘输入"60",回车,往左拖动十字光标,键盘输入"44",回车,点击"中心线"命令,绘制垂直中心线,结果如图2 - 5 - 3所示。

图 2 - 5 - 2　绘制 $\phi44$ 圆柱的主视图

4. 作45°导航线:按下"F7"键,系统操作提示如图2-5-4所示,在主俯视图右侧中间适当位置点击作为第一点,系统操作提示变为如图2-5-5所示,往右下角拖动十字光标,出现黄色45°导航线,在适当位置点击作为第二点,如图2-5-6所示。

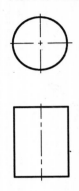

第一点<右键恢复上一次导航线>:

图2-5-3　绘制φ44圆柱的俯视图　　　　图2-5-4　按下"F7"键后系统操作提示

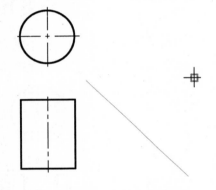

第二点:

图2-5-5　拾取第一点后系统操作提示　　　　图2-5-6　作45°导航线

5. 绘制φ44圆柱的左视图:点击"直线"命令,设定立即菜单为"两点线—连续",先捕捉俯视图的后右角点如图2-5-7所示十字光标处,再捕捉主视图φ44圆的下象限点如图2-5-8中交点标志所示,往右拖动十字光标,待到出现图中的垂直相交的导航线时,点击作为第一点,然后往右拖动十字光标,键盘输入"60",回车,往上拖动十字光标,输入"44",回车,往左拖动十字光标,输入"60",回车,往下拖动十字光标,输入"44",回车,结果如图2-5-9所示。

6. 绘制切肩的主视图,如图2-5-10所示。

7. 绘制切肩的俯视图:点击"直线"命令,设定立即菜单为"两点线—连续",捕捉主视图中切肩的左边端点如图2-5-11所示,向下拖动十字光标,在俯视图中圆柱的前端面捕捉到如图2-5-11所示的交点,点击作为第一点,向上拖动十字光标,键盘输入"15",回车,向右拖动十字光标,捕捉切肩的右端点如图2-5-12所示黄色端点符号处,待出现图中垂直相交的导航线时,点击,向下拖动十字光标,当十字光标靠近圆柱的前端面,出现图2-5-13中的垂足符号时,点击,右键单击结束该命令,结果如图2-5-14所示。

8. 绘制切肩的左视图:点击"直线"命令,设定立即菜单为"两点线—连续",捕捉主视图中切肩的右边端点如图2-5-15所示,向右拖动十字光标,在左视图中圆柱的前端面捕捉到图中的交点,点击作为第一点,向左拖动十字光标,键盘输入"15",回车,向下拖动十字光标,待出现图2-5-16中的垂足符号时,点击,右键单击结束该命令,结果如图2-5-17所示。

9. 在左视图中"镜像"切肩的投影,并修剪,如图2-5-18所示。

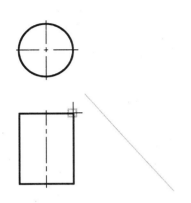

图2-5-7　捕捉十字光标处的点

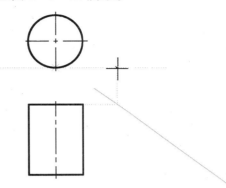

图2-5-8　捕捉主视图中ϕ44圆的下象限点后,移动鼠标,利用导航确定第一点

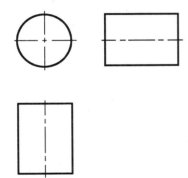

图2-5-9　绘制ϕ44圆柱的左视图

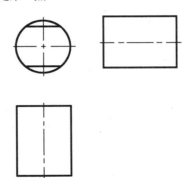

图2-5-10　绘制切肩的主视图

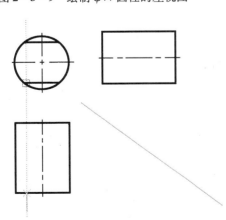

图2-5-11　捕捉主视图中切肩的左边端点,
然后向下拖动十字光标,并捕捉俯视图中交点

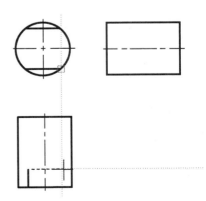

图2-5-12　捕捉切肩的右端点,待
出现图中垂直相交的导航线时点击

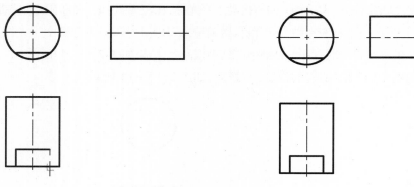

图 2 – 5 – 13　向下拖动十字光标,当十字光标靠近圆柱的前端面,出现图中的垂足符号时点击

图 2 – 5 – 14　完成切肩俯视图绘制

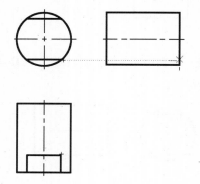

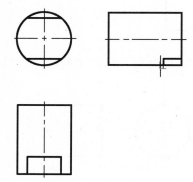

图 2 – 5 – 15　捕捉主视图中切肩的右边端点,向右拖动十字光标,在左视图中圆柱的前端面捕捉到图中的交点,点击作为第一点

图 2 – 5 – 16　向左拖动十字光标,键盘输入"15",回车,向下拖动十字光标,待出现图中的垂足符号时点击

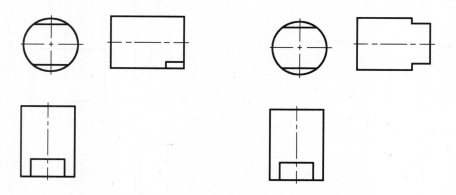

图 2 – 5 – 17　绘制切肩的左视图一

图 2 – 5 – 18　绘制切肩的左视图二

10.同理绘制切槽的三视图,注意不可见线的绘制,如图 2 – 5 – 19 所示。

11.标注尺寸:再次按下"F7"键,取消 45°导航线,标注各部分尺寸,完成图样如图

2－5－1所示。

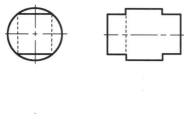

图2－5－19 绘制切槽的三视图

任务六 综合练习

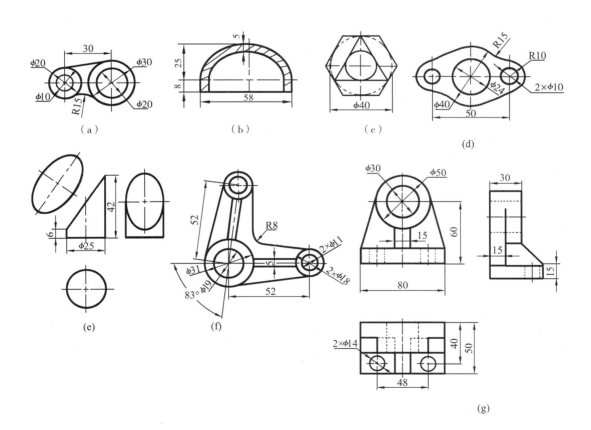

图2－6 练习图样

任务一　花形印绘制

　　花形印(图3-1-1)是印刷工业中常用的模具,由圆、圆弧组成。本任务将应用"圆""圆角""等距线""圆形阵列""裁剪"等命令实现图形绘制。

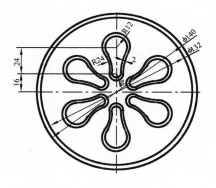

　　绘图步骤:

　　1.新建"花形印"文档。

　　2.绘制 φ132、φ140 圆,如图3-1-2所示。

　　3.绘制 R6 和 R12 圆,如图3-1-3所示。

　　4.绘制 R24 圆角并修剪,如图3-1-4所示。

图3-1-1　花形印

　　5.点击"常用/修改/等距线"命令如图3-1-5所示,立即菜单设定和系统操作提示如图3-1-6所示,拾取花形印的任一点,出现图3-1-7中的双向蓝色空心箭头,系统操作提示变为如图3-1-8所示,在花形印的内部点击,结果如图3-1-9所示。

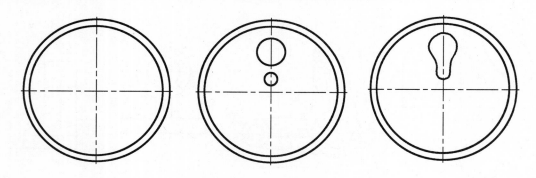

图3-1-2　绘制 φ132、φ140 圆　　图3-1-3　绘制 R6 和 12 圆　　图3-1-4　绘制 R24 圆角并修剪

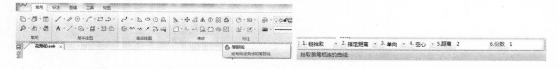

图3-1-5　等距线命令在功能区的位置　　图3-1-6　等距线命令立即菜单设定和系统操作提示

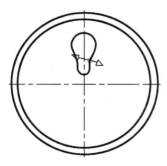

图3-1-7 蓝色双向箭头

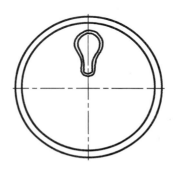

图3-1-8 拾取曲线后系统操作提示

图3-1-9 等距完成

6.点击"常用/修改/阵列"命令如图3-1-10所示,立即菜单设定和系统操作提示如图3-1-11所示,拾取双层花形印,系统操作提示如图3-1-12所示,拾取 $\phi140$ 圆的圆心为中心点,结果如图3-1-13所示。

图3-1-10 阵列命令在功能区的位置

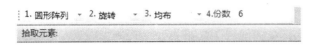

图3-1-11 阵列命令立即菜单设定和系统操作提示

图3-1-12 拾取元素后系统操作提示

图3-1-13 阵列完成

7.标注尺寸,完成图样如图3-1-1所示。

任务二　吊钩绘制

吊钩(图3-2-1)是机械工业中常用的零件,由直线、圆、圆弧组成。本任务将应用"圆""轴/孔""平行线""直线""圆角"等命令实现图形绘制。

绘图步骤:

1.新建"吊钩"文档。

2.绘制 $\phi40$、R48 圆,如图3-2-2所示。

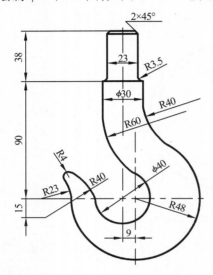

图3-2-1　吊钩

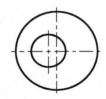

图3-2-2　绘制 $\phi40$、R48 圆

3.点击"常用/高级绘图"区的"孔/轴"命令如图3-2-3所示,立即菜单设定和系统操作提示如图3-2-4所示,按下"F4"键,拾取 $\phi40$ 圆的圆心为参考点,键盘输入"@0,128"(90+38=128),立即菜单设定和系统操作提示变为如图3-2-5所示,键盘输入"38",回车,再次修改立即菜单如图3-2-6所示,在 R48 上方附近点击,右键结束当前命令,结果如图3-2-7所示。

4.做 C2 倒角和 R3.5 圆角,如图3-2-8所示。

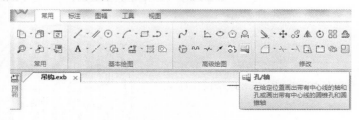

图3-2-3　孔/轴命令在功能区的位置

图3-2-4　轴命令立即菜单设定和系统操作提示

1.轴 ▼ 2.起始直径	23	3.终止直径	23	4. 有中心线 ▼ 5.中心线延伸长度	3
轴上一点或轴的长度:					

图 3 - 2 - 5　拾取插入点后轴命令立即菜单设定和系统操作提示

1.轴 ▼ 2.起始直径	30	3.终止直径	30	4. 有中心线 ▼ 5.中心线延伸长度	3
轴上一点或轴的长度:					

图 3 - 2 - 6　第二段轴命令立即菜单设定和系统操作提示

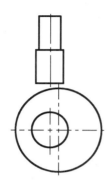 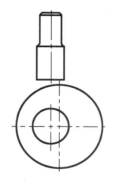

图 3 - 2 - 7　完成吊钩上部草图绘制　　　　图 3 - 2 - 8　修剪吊钩上部

5. 作 R40 圆角和 R60 圆角，并修剪图样，如图 3 - 2 - 9 所示。

6. 绘制 R23 圆弧：

（1）打开"隐藏层"，切换"隐藏层"为当前层，作水平中心线的单向平行线，距离 23，如图 3 - 2 - 10 所示。

 这条平行线是与 R23 圆弧底部相切的直线。

 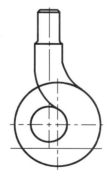

图 3 - 2 - 9　作 R40 和 R60 圆角并修剪图样　　图 3 - 2 - 10　作水平中心线向下的单向平行线

（2）用"两点—半径"方式画圆：点击"两点—半径"，按下"空格"键，在弹出的立即菜单中选择"切点"，拾取上述步骤的平行线，再次按下"空格"键，再次在弹出的立即菜单中选择"切点"，拾取 R48 圆周，待出现图 3 - 2 - 11 中的绿色圆时，键盘输入"23"，回车，结果如图 3 - 2 - 12 所示。

73

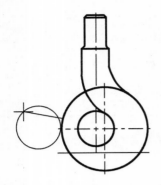

图 3 - 2 - 11　当出现这个位置的绿色圆时键盘输入"23"

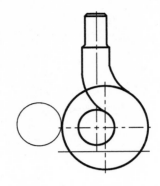

图 3 - 2 - 12　绘制 R23 圆

7. 绘制 R40 圆弧：

(1)作水平中心线的单向平行线,向下,距离为 15 + 40 = 55。这条直线是与 R40 圆弧底部相切的直线。

(2)用"两点—半径"方式画圆:点击"两点—半径",按下"空格"键,在弹出的立即菜单中选择"切点",拾取上述步骤的平行线,再次按下"空格"键,再次在弹出的立即菜单中选择"切点",拾取 φ40 圆周,键盘输入"40",回车,结果如图 3 - 2 - 13 所示。

8. 作 R4 圆角,如图 3 - 2 - 14 所示。

9. 修剪图样,把 R23、R40、R4 圆弧切换到粗实线层,如图 3 - 2 - 15 所示。

10. 标注倒角:点击"标注/标注/倒角标注"命令如图 3 - 2 - 16 所示,立即菜单设定和系统操作提示如图 3 - 2 - 17 所示,拾取图中的倒角线,系统操作提示变为如图 3 - 2 - 18 所示,在合适位置点击,结果如图 3 - 2 - 19 所示。

图 3 - 2 - 13　绘制 R40 圆

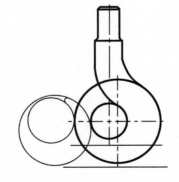

图 3 - 2 - 14　作 R4 圆角

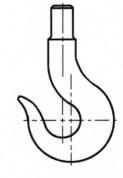

图 3 - 2 - 15　修剪图样

图 3 - 2 - 16　倒角标注命令在功能区的位置

图 3 - 2 - 17 倒角标注命令立即菜单设定和系统操作提示

图 3 - 2 - 18 拾取倒角线后系统操作提示

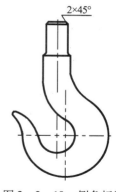

图 3 - 2 - 19 倒角标注

11. 标注左侧三个连续线性尺寸:点击"常用/尺寸标注"右侧倒三角下的"连续"命令如图 3 - 2 - 20所示,系统操作提示如图 3 - 2 - 21 所示,拾取 R40 圆心为第一引出点,立即菜单设定和系统操作提示变为如图 3 - 2 - 22 所示,拾取 ϕ40 圆心为第二引出点,系统操作提示变为如图 3 - 2 - 23 所示,在适当位置点击确定尺寸线位置,系统操作提示变为如图 3 - 2 - 24 所示,拾取 ϕ30 上部直线左端点,再拾取吊钩最上部左端点,按"Esc"键结束当前命令,结果如图 3 - 2 - 25 所示。

图 3 - 2 - 20 连续标注命令在功能区的位置

图 3 - 2 - 21 连续标注命令系统操作提示

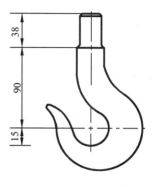

图 3 - 2 - 22 拾取第一引出点后系统操作提示

图 3 - 2 - 23 拾取第二引出点后系统操作提示

图 3 - 2 - 24 确定尺寸线位置后系统操作提示

图 3 - 2 - 25 标注左侧三个连续线性尺寸

12. 标注其他尺寸,完成图样如图 3 – 2 – 1 所示。

任务三 手提电话外壳绘制

手提电话(图 3 – 3 – 1)是日常生活中常用的工具,由直线、圆、圆弧、椭圆、圆角矩形组成。本任务将应用"直线""圆""圆角""椭圆""阵列"等命令实现图形绘制。

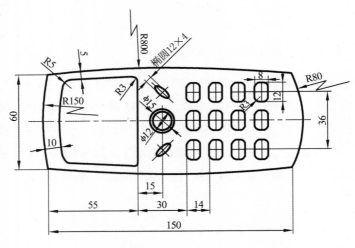

图 3 – 3 – 1 手提电话

绘图步骤:

1. 新建"手机外壳"文档。

2. 用"直线"命令绘制长 150、宽 60 的矩形,用"两点—半径"方式分别绘制 R800、R150、R80 圆弧,如图 3 – 3 – 2 所示。

3. 用"等距线""平行线""圆"和"圆角"命令绘制显示屏,结果如图 3 – 3 – 3 所示。

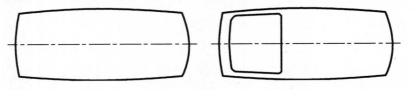

图 3 – 3 – 2 绘制外壳草图   图 3 – 3 – 3 绘制显示屏

4. 绘制同心圆按键,如图 3 – 3 – 4 所示。

5. 绘制椭圆按键:点击"椭圆"命令,立即菜单设定如图 3 – 3 – 5 所示,结果如图 3 – 3 – 6 中所示(上部椭圆),注意在绘制椭圆的过程中使用"全部重生成"命令("全部重生成"命令在"常用/常用/全部重生成"),以使图样看起来更美观,如图 3 – 3 – 7 所示。请同学们思考如何作出下部椭圆。

6. 绘制左下角方形按键,如图 3 – 3 – 8 所示。

7. 点击"阵列"命令,立即菜单设定和系统操作提示如图 3 – 3 – 9 所示,拾取上一步的方形按键,如果使用窗口拾取,系统操作提示如图3-3-10所示,右键结束该命令,结果如图3-3-11所示。

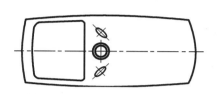

图3-3-4　绘制同心圆按键

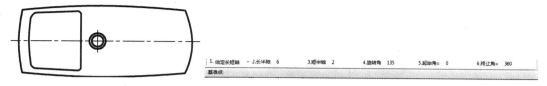

图3-3-5　椭圆命令立即菜单设定和系统操作提示

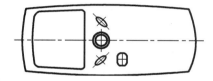

图3-3-6　绘制椭圆按键

图3-3-7　全部重生成在功能区的位置

图3-3-8　绘制左下角方形按键

图3-3-9　矩形阵列命令立即菜单设定和系统操作提示

图3-3-10　用拾取框拾取元素后系统操作提示

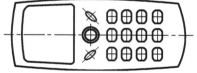

图3-3-11　阵列矩形按键

8.标注尺寸,完成图样如图3-3-1所示。

请同学们想一想,在前面我们学习的椭圆盘的绘制中,是否可以使用"矩形阵列"命令?答案是否定的,同学们自己试一试就知道原因了。

任务四　凹凸球体副绘制

凹凸球体副(图3-4-1)是机械工业中常用的运动副,机械制图中学习过的球阀跟它非常类似,由直线、圆组成。本任务将应用"圆""直线""平行线""基准标注""形位公差标注""粗糙度标注"等命令实现图形绘制。

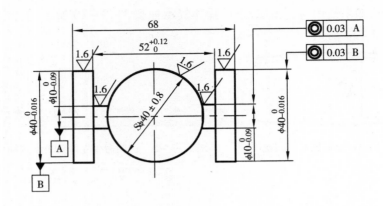

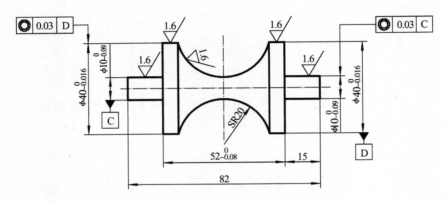

图 3 - 4 - 1　凹凸球体副

绘图步骤：

1. 新建"凹凸球体副"文档。

2. 绘制图样如图 3 - 4 - 2 所示。

3. 标注 Sϕ40 ± 0.8：点击"尺寸标注"，拾取 Sϕ40 圆周后，立即菜单设定和系统操作提示变为如图 3 - 4 - 3 所示，右键单击打开"尺寸标注属性设置"对话框，填写对话框中公差与配合如图 3 - 4 - 4 所示，点击"确定"，标注完成如图 3 - 4 - 5 所示。

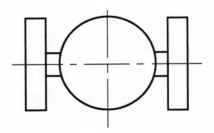

图 3 - 4 - 3　尺寸标注立即菜单设定和系统操作提示

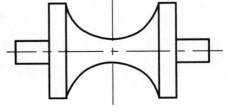

图 3 - 4 - 2　绘制图样轮廓

图 3 - 4 - 4 尺寸标注属性设置对话框填写

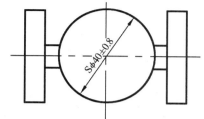

图 3 - 4 - 5 标注 Sϕ40 ± 0.8

4. 标注其他尺寸,如图 3 - 4 - 6 所示。

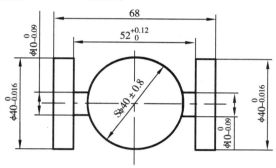

图 3 - 4 - 6 完成尺寸标注

知识点

◆ 标注左边 $\phi 10_{-0.09}^{0}$ 时在"尺寸标注属性设置"对话框中选择"箭头反向"如图 3 - 4 - 7 所示,因为要为下一步的基准标注留出位置。

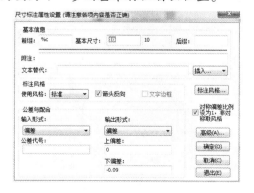

图 3 - 4 - 7 在尺寸标注属性设置对话框里勾选箭头反向

◆ 右侧的 $\phi 10_{-0.09}^{0}$ 之所以把尺寸数字放到下边,是因为需要给形位公差留出位置。

5. 标注基准 A：点击"标注/标注/基准代号"命令如图 3 - 4 - 8 所示，立即菜单设定和系统操作提示如图 3 - 4 - 9 所示，拾取 $\phi 10^{0}_{-0.09}$ 的尺寸界线如图 3 - 4 - 10 中十字光标处所示，拖动十字光标到如图 3 - 4 - 11 所示的位置即对齐 $\phi 10^{0}_{-0.09}$ 的尺寸线，点击，结果如图 3 - 4 - 12 所示，同理标注基准 B。

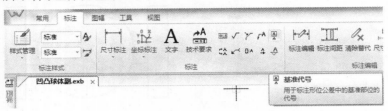

图 3 - 4 - 8　基准代号命令在功能区的位置

图 3 - 4 - 9　基准代号命令立即菜单设定和系统操作提示

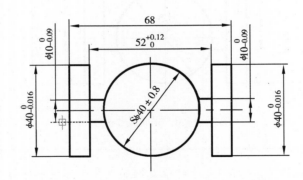

图 3 - 4 - 10　拾取绿色拾取框处的直线

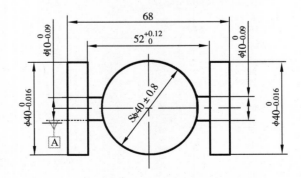

图 3 - 4 - 11　确定基准代号 A 的位置

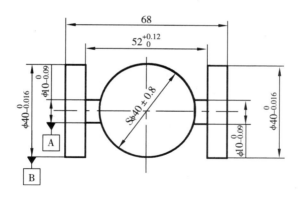

图 3 - 4 - 12　完成基准代号标注

6.同轴度标注:点击"标注/标注/形位公差"命令如图 3 - 4 - 13 所示,打开"形位公差"对话框如图 3 - 4 - 14 所示,在"公差代号"中点击"同轴度",在"公差"右侧空格填写"0.03","基准一"默认"A",点击"确

图 3 - 4 - 13　形位公差命令在功能区的位置

定",立即菜单设定和系统操作提示如图 3 - 4 - 15 所示,拾取右边 $\phi10_{-0.09}^{0}$ 尺寸线上端作为定位点如图3 - 4 - 16中十字光标处所示,立即菜单设定和系统操作提示变为如图 3 - 4 - 17 所示,向上拖动十字光标,在合适位置点击作为引线转折点,立即菜单设定和系统操作提示变为如图 3 - 4 - 18 所示,向右拖动十字光标确定标注位置,如图 3 - 4 - 19 所示,同理标注 $\phi40_{-0.09}^{0}$ 同轴度。

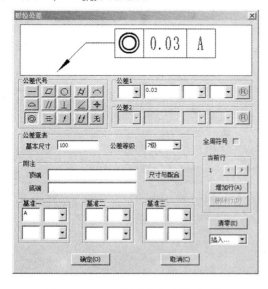

图 3 - 4 - 14　填写形位公差对话框

图 3 - 4 - 15　形位公差命令立即菜单设定和系统操作提示

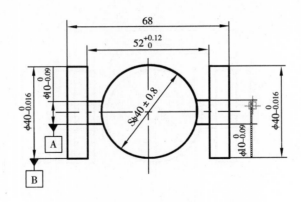

图 3 – 4 – 16 拾取绿色拾取框处的直线

图 3 – 4 – 17 拾取尺寸线后系统操作提示 　　　图 3 – 4 – 18 确定引线转折点后系统操作提示

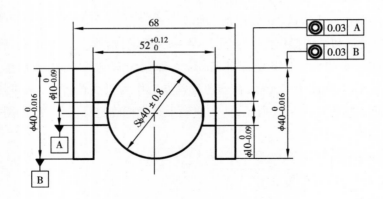

图 3 – 4 – 19 完成形位公差标注

7. 粗糙度标注：点击"标注/标注/粗糙度"如图 3 – 4 – 20 所示，立即菜单设定和系统操作提示为图 3 – 4 – 21 所示，拾取左端 $\phi40_{-0.016}^{\ 0}$ 外圆如图 3 – 4 – 22 中十字光标处所示，在合适的位置点击确定，如图 3 – 4 – 23 所示，其他粗糙度标注同理。

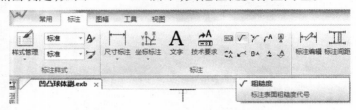

图 3 – 4 – 20 粗糙度命令在功能区的位置

1. 简单标注 ▼	2. 默认方式 ▼	3. 去除材料 ▼	4. 数值　1.6

拾取定位点或直线或圆弧

图 3 - 4 - 21　粗糙度命令立即菜单设定和系统操作提示

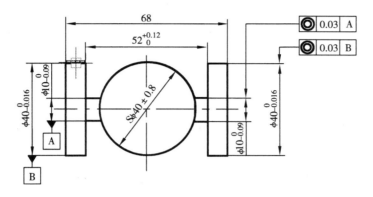

图 3 - 4 - 22　拾取绿色拾取框处的直线

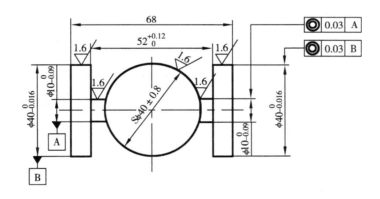

图 3 - 4 - 23　完成粗糙度标注

8. 完成其他标注，图样如图 3 - 4 - 1 所示。

知识点

　　在标注基准、形位公差、粗糙度的过程中，如果发现这些标注的字高不合适，可以点击"标注/样式管理"下的倒三角，打开各自的对话框进行调整。如图 3 - 4 - 24 所示，点击"形位公差"，打开"形位公差风格设置"对话框如图 3 - 4 - 25 所示，进行各种参数设置，CAXA 电子图板默认文本字高为"3.5"。同理可以进行"粗糙度""基准代号"等参数的设置。

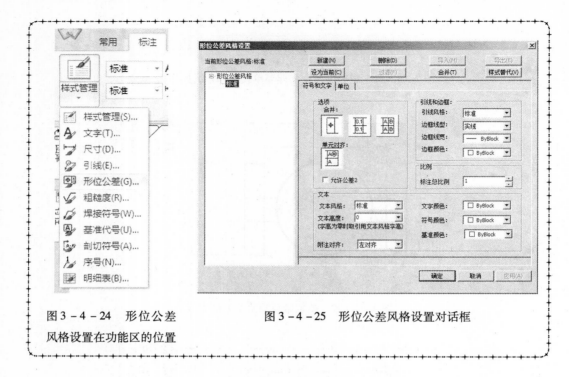

图3-4-24　形位公差
风格设置在功能区的位置

图3-4-25　形位公差风格设置对话框

任务五　线锤绘制

线垂(图3-5-1)是建筑工业中常用的工具,由直线、虚线组成。本任务将应用"直线""图库""分解""剖面线""构件库/退刀槽"等命令实现图形绘制。

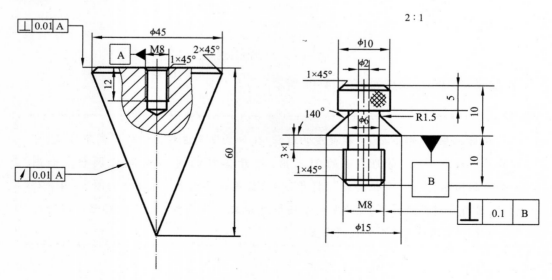

图3-5-1　线垂

绘图步骤:

1. 新建"线垂"文档。

2. 绘制线垂的基本图样如图 3－5－2 所示。

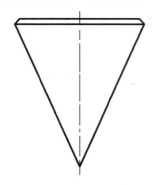
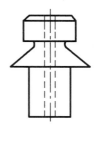

图 3－5－2　绘制线垂轮廓草图

3. 绘制 M8 螺纹孔:点击界面左侧"图库/常用图形/螺纹/螺纹盲孔",打开"图符预处理"对话框如图 3－5－3 所示,选择"M"列 8,设定两个尺寸分别为"15"和"12",点击"完成",立即菜单设定和系统操作提示如图 3－5－4 所示,选择顶端直线中点为图符定位点,如图 3－5－5 中十字光标处所示,系统操作提示变为如图 3－5－6 所示,不输入角度,直接回车,单击右键结束命令,结果如图 3－5－7 所示。

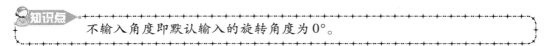

知识点　不输入角度即默认输入的旋转角度为0°。

4. 使用"分解"命令分解插入的螺纹孔图符,绘制 C1 倒角,并修剪图样,结果如图 3－5－8 所示。

5. 切换"细实线层"为当前层,用"样条曲线"绘制剖面区域,并修剪图样,如图 3－5－9 所示。

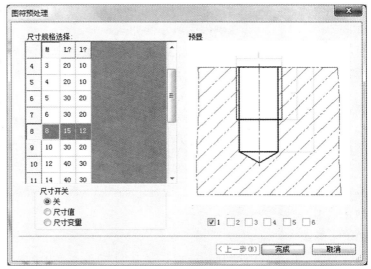

图 3－5－3　图符预处理对话框

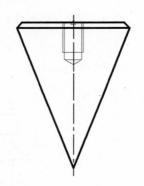

图3-5-4 插入图符立即
菜单和系统操作提示

图3-5-5 拾取十字光标
处的点作为图符定位点

图3-5-6 拾取图符定位
点后系统操作提示

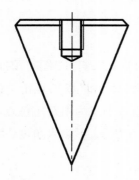

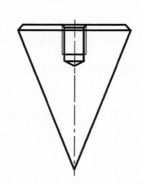

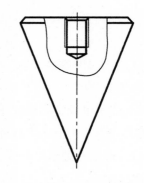

图3-5-7 完成插入图符　　图3-5-8 完成M8螺纹孔绘制　　图3-5-9 绘制剖面区域
并修剪图样

6.点击"常用/基本绘图/剖面线"如图3-5-10所示,立即菜单设定和系统操作提示如图3-5-11所示,在剖面区域左侧如图3-5-12中十字光标处点击,即拾取到了左边这个环,系统操作提示变为如图3-5-13所示,继续在剖面区域右侧如图3-5-14中十字光标处点击,再次拾取到了右侧的环,右键单击结束当前命令,结果如图3-5-15所示。

7.绘制右图滚花:在图3-5-16中绘制一圆,圆心和直径粗略设定即可,点击"剖面线"命令,立即菜单设定和系统操作提示如图3-5-17所示,拾取圆内一点,点击,系统操作提示变为如图3-5-18所示,右键单击结束当前命令,弹出"剖面图案"对话框,设置各参数如图3-5-19所示,点击"确定",如图3-5-20所示,删除圆,结果如图3-5-21所示。

　　图3-5-19中比例的默认值是"1",当点击"确定"后发现剖面线太稀疏了,需要把比例值改小,经过多次调整发现0.2是最合适的。

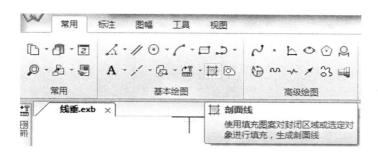

图3-5-10 剖面线命令在功能区的位置

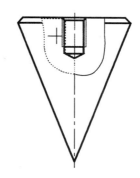

图3-5-11 剖面线命令立即菜单设定和系统操作提示

图3-5-12 拾取十字光标处的点

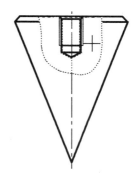

图3-5-13 拾取左边点后系统操作提示

图3-5-14 拾取十字光标处的点

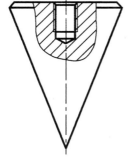

图3-5-15 绘制剖面线

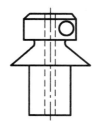

图3-5-16 绘制滚花范围

图 3－5－17　剖面线命令立即菜单设定和系统操作提示

图 3－5－18　拾取环内一点后系统操作提示

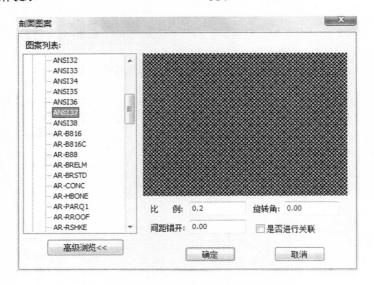

图 3－5－19　选择剖面图案和填写各参数

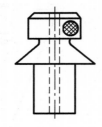

图 3－5－20　绘制滚花图案

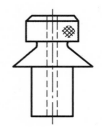

图 3－5－21　完成滚花绘制

8.退刀槽绘制:切换"粗实线层"为当前层,点击"常用/基本绘图/提取图符"右侧倒三角下的"构件库"如图 3－5－22 所示,打开"构件库"对话框如图 3－5－23 所示,把右侧的滚动条拉到最下端,选择"轴端部退刀槽",点击"确定",立即菜单设定和系统操作提示如图 3－5－24 所示,设定槽宽度为"3",槽深度为"1",拾取 M8 光轴的左侧外圆为轴的一条轮廓线,系统操作提示如图 3－5－25 所示,拾取 M8 光轴的右侧外圆为轴的另一条轮廓线,系统操作提示变为如图 3－5－26 所示,拾取基准面 B 为轴的端面线,结果如图 3－5－27 所示。

9.绘制 M8 螺纹牙底线:切换细实线层为当前层。按照制图标准,普通螺纹小径按大径的 0.85 倍画出,可使用"双向平行线"命令,输入数值见图 3－5－28,倒角并修剪图样,结果如图 3－5－29 所示。

10. 退刀槽标注:点击"尺寸标注"命令,拾取退刀槽底部直线,当出现绿色尺寸标注如图 3 - 5 - 30 所示时,右键单击,在弹出的"尺寸标注属性设置"的"后缀"里输入" ×1",如图 3 - 5 - 31 所示,注意" ×"的输入方法如图 3 - 5 - 32 所示。

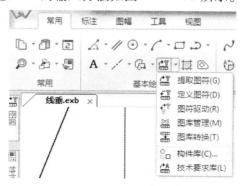

图 3 - 5 - 22　构件库命令在功能区的位置

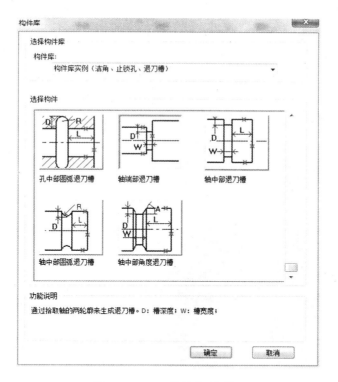

图 3 - 5 - 23　构件库对话框

图 3 - 5 - 24　轴端部退刀槽命令立即菜单设
定和系统操作提示

图 3 - 5 - 25　拾取一条轮廓线后
系统操作提示

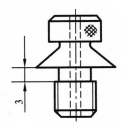

图 3 - 5 - 26　拾取第二条轮廓线后系统操作提示　　图 3 - 5 - 27　完成退刀槽绘制

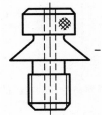

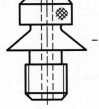

图 3 - 5 - 28　键盘输入数值　图 3 - 5 - 29　绘制 M8 螺纹牙　图 3 - 5 - 30　拾取退刀槽底部
　　　　　　　　　　　　　　　　　　　　　底线

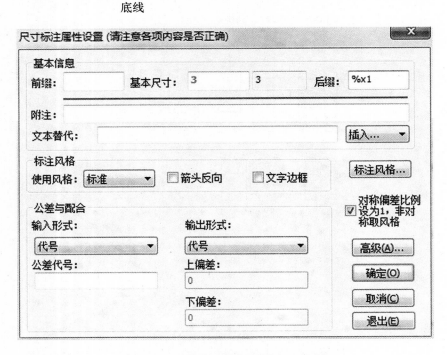

图 3 - 5 - 31　尺寸标注属性设置对话框填写

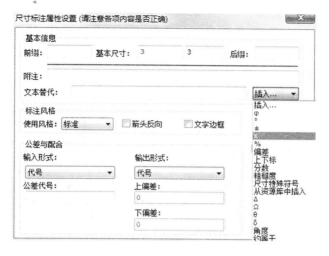

图 3 - 5 - 32　乘号的输入

11. 标注其他内容,完成图样如图 3 - 5 - 1 所示。

任务六　综合练习

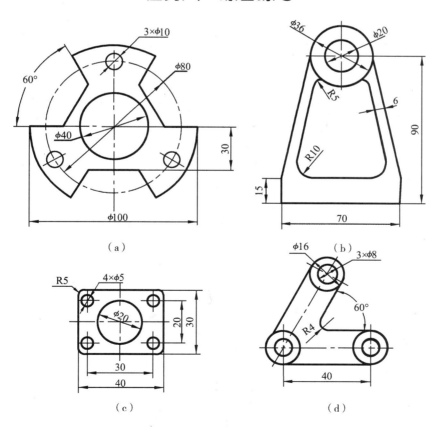

（a）　　　　　　　　（b）

（c）　　　　　　　　（d）

图 3 - 6　练习图样

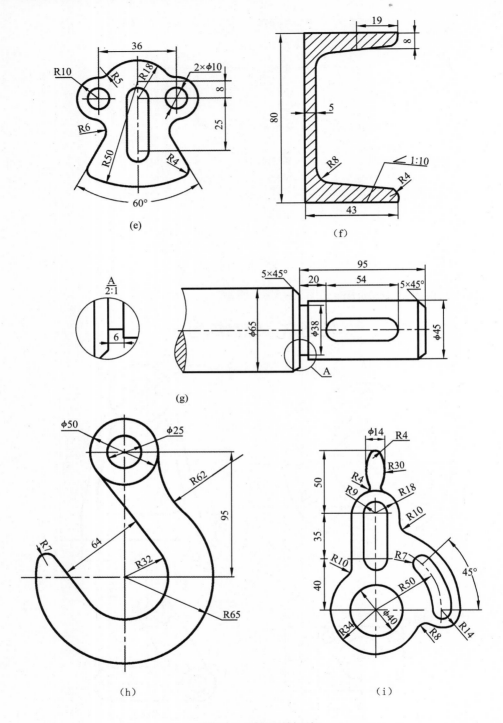

图 3-6　练习图样(续)

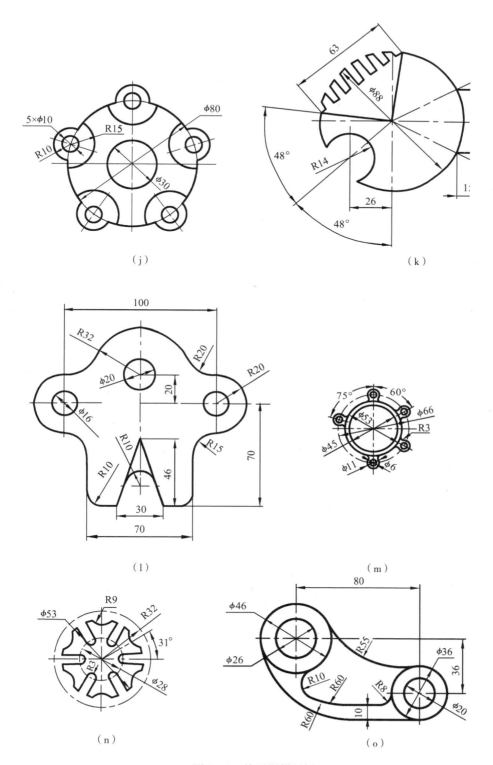

（j）

（k）

（l）

（m）

（n）

（o）

图 3-6 练习图样(续)

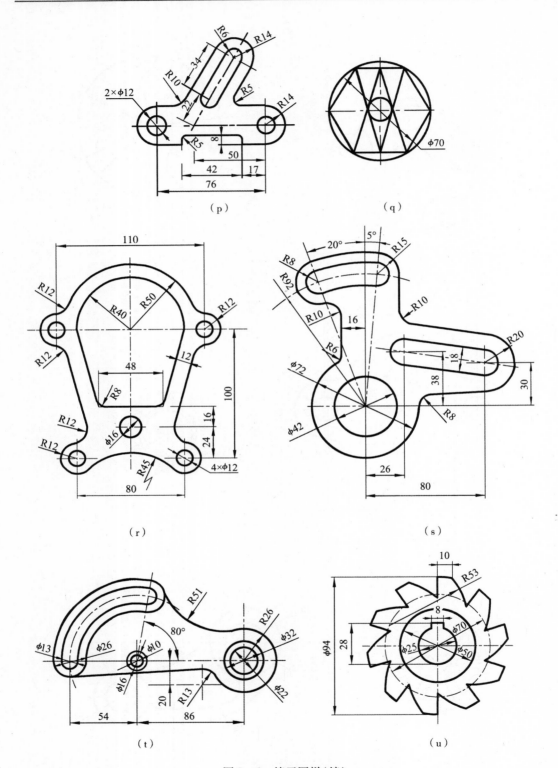

图 3-6 练习图样(续)

项目四 ▶▶▶ 变位支架绘制

变位支架是我校钳工课实训项目之一。它是一套能够完成一定运动形式的机构,由底板、固定板、翻板、V形板四个零件组成。零件组装完成后,移动零件能够沿一定运动轨迹实现位置的移动。

任务一 底板绘制

底板零件图如图4-1-1所示。

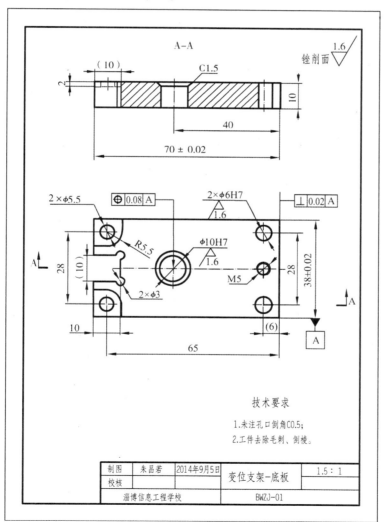

图4-1-1 底板

技术要求

1.未注孔口倒角C0.5;
2.工件去除毛刺、倒棱。

制图	朱昌若	2014年9月5日	变位支架-底板	1.5:1
校核				
淄博信息工程学校			BWZJ-01	

项目四 ▶▶▶ 变位支架绘制

变位支架是我校钳工课实训项目之一。它是一套能够完成一定运动形式的机构,由底板、固定板、翻板、V形板四个零件组成。零件组装完成后,移动零件能够沿一定运动轨迹实现位置的移动。

任务一 底板绘制

底板零件图如图4-1-1所示。

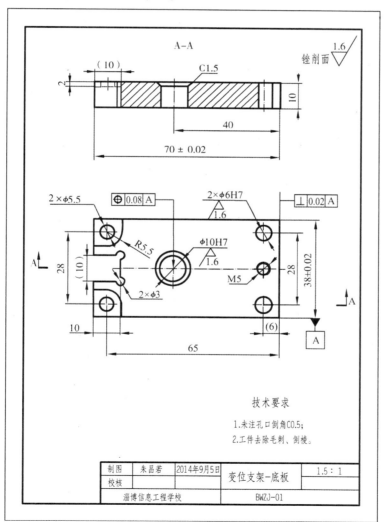

图4-1-1 底板

绘图步骤:

1. 新建"底板"文档。

2. 点击"图幅/图幅设置"如图4-1-2所示,打开"图幅设置"对话框,设定各参数如图4-1-3所示,即图纸幅面选择A4,绘图比例选择1.5:1(也可以先选择1:1的比例,待画了一部分图样之后,再修改比例值),图纸方向为竖放,图框选择A4E-A-Normal(CH),标题栏选择School(CHS),点击"确定",结果如图4-1-4所示。

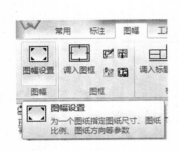

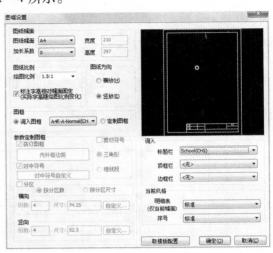

图4-1-2 图幅设置命令在功能区的位置

图4-1-3 图幅设置

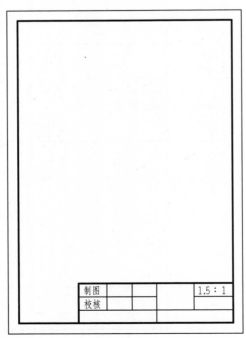

图4-1-4 设置图框和标题栏

3.根据前面所学知识,绘制底板两视图,如图 4 – 1 – 5 所示。

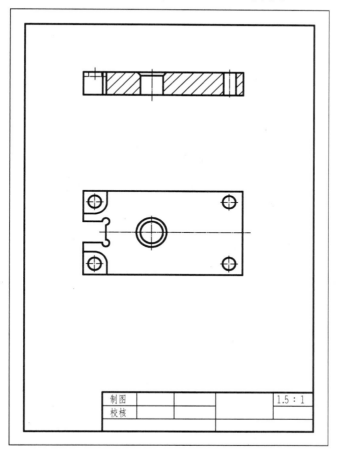

图 4 – 1 – 5 绘制两视图

4.底板俯视图 M5 螺纹孔绘制:点击"图库/常用图形/螺纹/内螺纹—粗牙",双击打开"图符预处理"对话框如图 4 – 1 – 6 所示,选择 D = 5,点击"完成",这时十字光标上挂着一个绿色的螺纹符号,立即菜单设定和系统操作提示如图 4 – 1 – 7 所示,按下"F4"键,立即菜单设定和系统操作提示如图 4 – 1 – 8 所示,拾取底板右后方 $\phi 6$ 通孔的圆心为参考点,立即菜单设定和系统操作提示如图 4 – 1 – 7 所示,键盘输入"@0, – 14",

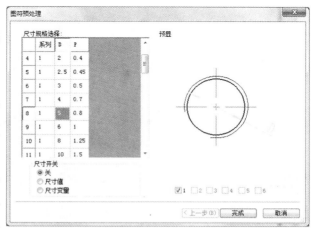

图 4 – 1 – 6 图符预处理对话框设置

回车,图符位置如图4-1-9所示,系统操作提示如图4-1-10所示,不输入数值,回车,结果如图4-1-11所示。

图4-1-7 图符预处理立即菜单设定和系统操作提示　图4-1-8 按下F₄键后系统操作提示　图4-1-9 M5螺纹孔定位

图4-1-10 指定参考点后系统操作提示　图4-1-11 完成M5螺纹孔绘制

知识点

也可延长 φ6 孔的垂直中心线至水平中心线处,这样就能确定 M5 螺纹孔的中心位置,待到从图库中调取了螺纹图符后,不用"F4"键,直接确定图符定位点,然后再修改 φ6 孔的垂直中心线即可。

5. 剖切符号绘制:点击"标注/标注/剖切符号"命令如图4-1-12所示,立即菜单设定和系统操作提示如图4-1-13所示。在图4-1-14中十字光标处(注意使用"导航"命令)点击,系统操作提示如图4-1-15所示。点击底板右端 M5 螺纹孔的中心,图样如图4-1-16所示,系统操作提示仍如图4-1-15所示。点击底板右前角 φ6 孔的中心,图样如图4-1-17所示,系统操作提示仍如图4-1-15所示。在图4-1-18中十字光标处点击,图样如图4-1-19所示,单击鼠标右键,图样如图4-1-20所示,系统操作提示如图4-1-21所示,单击蓝色双向箭头的向上箭头,图样如图4-1-22所示。这时在十字光标上挂着剖面名称 A,系统操作提示如图4-1-23所示,在适当位置标注剖面名称 A,右键单击结束当前命令,系统操作提示变为如图4-1-24所示,这时在十字光标上挂着"A-A",如图4-1-25所示,在主视图上方适当位置点击,结果如图4-1-26所示。

6. 修改剖切符号文字字高和箭头大小:在图4-1-26中剖切符号名称和剖面名称都很小,阅读时不方便,需要修改得大一些。点击"标注/样式管理"倒三角下的"剖切符号"

如图 4 – 1 – 27 所示,打开"剖切符号风格设置"对话框如图 4 – 1 – 28 所示,设置箭头大小为"5",字高为"7",点击"确定"。在主视图上方的"A – A"处双击,打开"文本编辑器",选中输入框中的文字"A – A",设置文字字高为"7",点击"确定",结果如图 4 – 1 – 29 所示。

图 4 – 1 – 12　剖切符号命令在功能区的位置

图 4 – 1 – 13　剖切符号命令立即菜单设定和系统操作提示

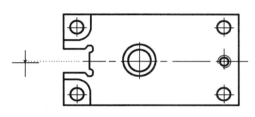

图 4 – 1 – 14　剖切符号的起始位置

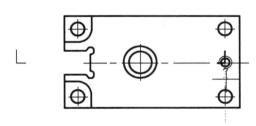

图 4 – 1 – 16　点击 M5 螺纹孔中心后的图样显示

图 4 – 1 – 15　确定剖切符号第一点后系统操作提示

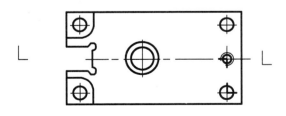

图 4 – 1 – 17　点击 φ6 孔中心后的图样显示

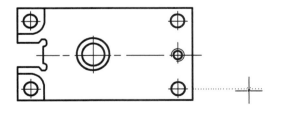

图 4 – 1 – 18　剖切符号的终点位置

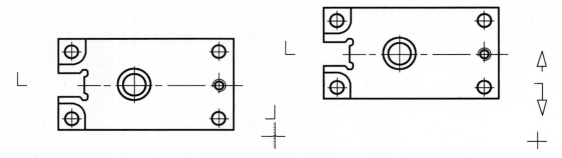

图4-1-19　右键单击结束当前命令后的图样显示　　　图4-1-20　双向蓝色箭头

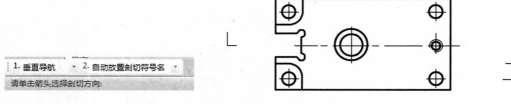

图4-1-21　蓝色箭头选择剖切方向　　　图4-1-22　十字光标上悬挂着剖面名称A

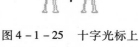

图4-1-23　确定剖切方　　图4-1-24　指定一个剖面名称　　图4-1-25　十字光标上
向后系统操作提示　　　标注点后系统操作提示　　　悬挂的A-A

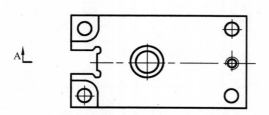

图4-1-26　完成剖切符号绘制

图4-1-27　样式管理中的剖切
符号命令在功能区的位置

A-A

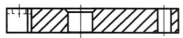

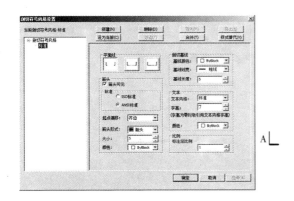

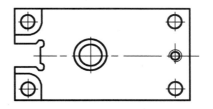

图4-1-28 剖切符号风格设置　　　图4-1-29 修改后的剖切符号字高

7. 主视图左上角参考尺寸(10)的标注:点击"尺寸标注",拾取该尺寸的两个端点,在立即菜单的"6.前缀"右侧用键盘输入"(",在"7.后缀"右侧用键盘输入")",如图4-1-30所示,在合适的位置点击,完成该尺寸标注如图4-1-31所示。

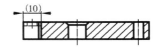

图4-1-30 参考尺寸立即菜单设定和系统操作提示　　图4-1-31 标注参考尺寸

8. 倒角C1.5的标注:点击"倒角标注"命令,立即菜单设定和系统操作提示如图4-1-32所示,拾取右边倒角线,系统操作提示如图4-1-33所示,在合适的位置点击确定尺寸线位置,结果如图4-1-34所示。

图4-1-32 倒角标注命令立即菜单设定和系统操作提示

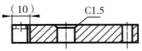

图4-1-33 拾取倒角线后立即菜单显示和系统操作提示　　图4-1-34 标注倒角

9. $2\times\phi6H7$的标注:点击"尺寸标注"命令,拾取$\phi6$通孔的圆周,立即菜单设定和系统操作提示如图4-1-35所示,右键单击打开"尺寸标注属性设置"对话框,填写"前缀""后缀"如图4-1-36所示,即前缀中填写的是"$2\times\phi$",后缀中填写的是"H7"。点击"确定",结果如图4-1-37所示。

1.基本标注	2.文字水平	3.直径	4.文字居中	5.前缀 %c	6.后缀	7.尺寸值 6

拾取另一个标注元素或指定尺寸线位置:

图 4-1-35 尺寸标注命令立即菜单和系统操作提示

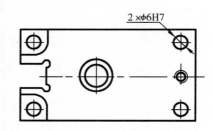

图 4-1-36 尺寸标注属性设置

图 4-1-37 2×ϕ6H7 的标注

10. 完成其他标注,如图 4-1-38 所示。

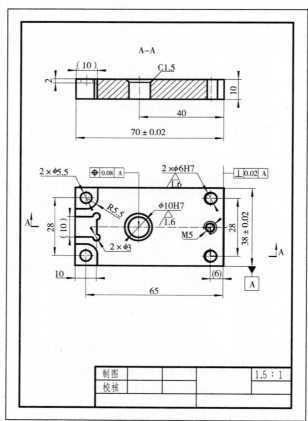

图 4-1-38 尺寸标注和形位公差标注绘制

11. 点击"标注/标注/"区的"技术求要"命令,如图4－1－39所示,弹出"技术要求库"对话框,在正文位置键盘输入两条技术要求,如图4－1－40所示,点击"生成",系统操作提示如图4－1－41所示。在俯视图下方适当位置点击确定第一角点,系统操作提示变为如图4－1－42所示,往右下角拖动十字光标,在适当位置点击确定第二角点,结果如图4－1－43所示。(请同学们注意"技术要求"四个字是不需要输入的)

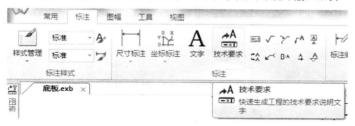

图4－1－39　技术要求命令在功能区的位置

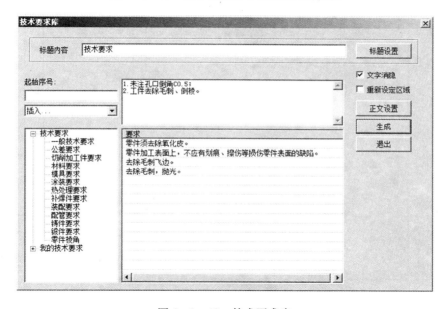

图4－1－40　技术要求库

图4－1－41　技术要求命　　　图4－1－42　确定第一角点后系
令系统操作提示　　　　　　　统操作提示

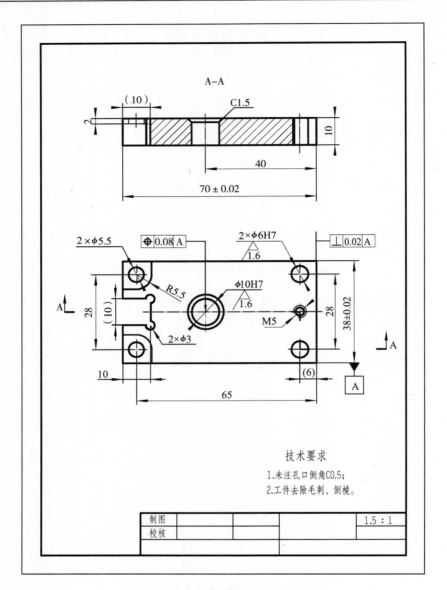

图4-1-43 注写技术要求

12.锉削面 $\overset{1.6}{\nabla}$ 的标注：点击"文字"命令，在图纸右上角适当位置点击作为第一点，往右下角拖动十字光标，在适当位置点击确定第二点，打开"文字编辑器"对话框，设定文字字高为"7"，在文本输入框输入"锉削面"，然后点击"插入"下方的"粗糙度"如图4-1-44所示，打开"表面粗糙度"对话框，设定参数如图4-1-45所示，点击"确定"，再点击"文字编辑器"的"确定"，结果如图4-1-46所示。

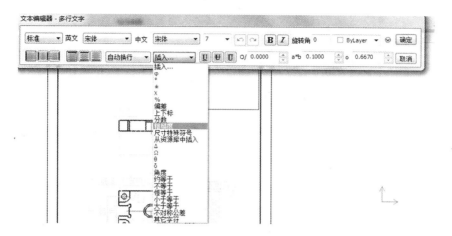

图 4 - 1 - 44　文本编辑器

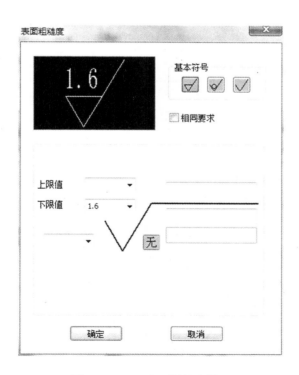

图 4 - 1 - 45　表面粗糙度设置

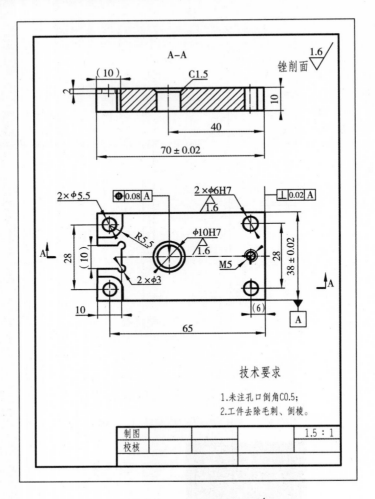

图 4 - 1 - 46 注写锉削面 $\overset{1.6}{\triangledown}$

13. 填写标题栏:在图纸的标题栏处双击,打开"填写标题栏"对话框,在右侧的"属性值"栏双击鼠标左键,输入相应的内容,如图 4 - 1 - 47 所示,点击"确定",标题栏填写完毕,完成底板零件图如图 4 - 1 - 1 所示。

图 4 - 1 - 47 填写标题栏

任务二 V形板绘制

V形板零件图如图4-2-1所示。

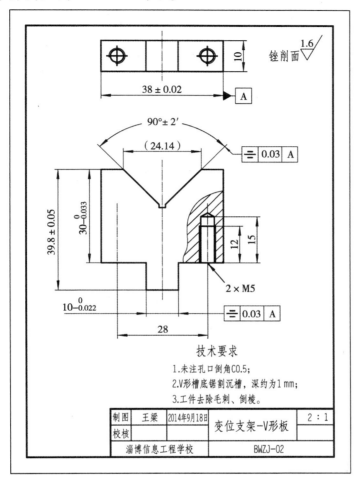

技术要求

1. 未注孔口倒角C0.5;
2. V形槽底锯割沉槽，深约为1mm;
3. 工件去除毛刺、倒棱。

制图	王梁	2014年9月18日	变位支架-V形板	2:1
校核				
淄博信息工程学校			BWZJ-02	

图4-2-1 V形板

绘图步骤:

1. 新建"V形板"文档。

2. 调入图框,标题栏,设置绘图比例为2:1,绘制两视图如图4-2-2所示,请同学们注意这里采用的两视图是仰视图和主视图。

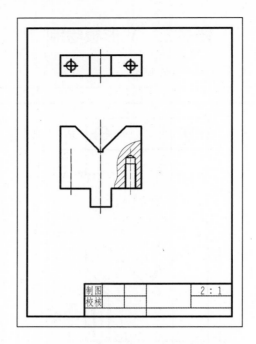

图4-2-2 绘制V形板两视图

3.标注2×M5:

(1)点击"常用/高级绘图"区的"箭头"命令如图4-2-3所示,立即菜单设定和系统操作提示如图4-2-4所示,拾取左侧M5螺纹孔的中心,系统操作提示变为如图4-2-5所示,向右下角拖动十字光标,在适当位置点击,结果如图4-2-6所示。

(2)点击"文字"命令,设置文字字高为"7",输入文字内容,结果如图4-2-7所示。

4.90°±2′标注:点击"尺寸标注"命令,分别拾取90°角的两条边,右键单击打开"角度公差"对话框如图4-2-8所示,点击该对话框左下角"标注风格",打开"标注风格设置"对话框如图4-2-9所示,设置"单位/角度标注""单位制"为"度分秒",点击"应用",再点击"确定",关闭该对话框,界面返回到图4-2-8,点击"确定",关闭该对话框。再次点击"尺寸标注",再次分别拾取90°角的两条边,右键单击打开"角度公差"对话框如图4-2-10所示,修改基本尺寸,填写各参数,点击"确定",结果如图4-2-11所示。

图4-2-3 箭头命令在功能区的位置

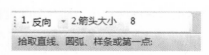

图4-2-4 箭头命令立即菜单
设定和系统操作提示

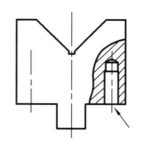

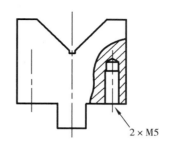

2 × M5

图 4 - 2 - 5　拾取第一点　　图 4 - 2 - 6　绘制箭头　　图 4 - 2 - 7　注写 2 × M5
后系统操作提示

图 4 - 2 - 8　角度公差对话框

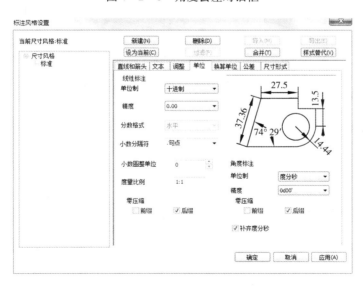

图 4 - 2 - 9　标注风格设置

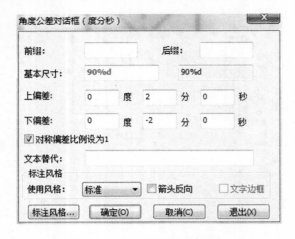

图4-2-10 角度公差对话框

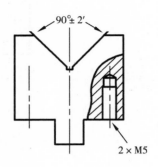

图4-2-11 注写90°±2′

5.完成其他标注如图4-2-12所示。标注完成后,发现基准代号和形位公差字高都太小了,打开"样式管理"下的"基准代号风格设置",设置字高为"5",同理打开"样式管理"下的"形位公差风格设置",设置字高为"5"。

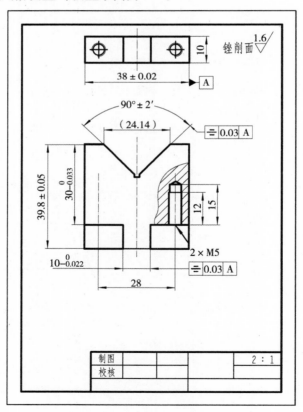

图4-2-12 各种标注注写

6. 完成"技术要求"绘制：设置"标题"字高为"3.5"，正文字高为"2.5"，即是 CAXA
电子图板的默认字高设置，结果如图 4 - 2 - 13 所示。

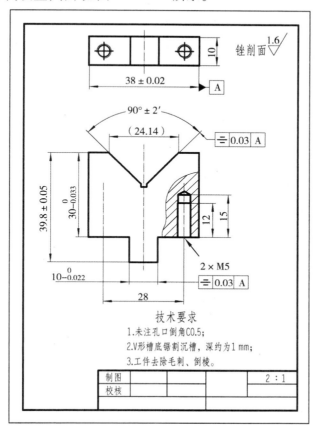

图 4 - 2 - 13　技术要求注写

7. 填写标题栏，完成图样如图 4 - 2 - 1 所示。

任务三　翻板绘制

翻板零件图如图 4 - 3 所示。

绘图步骤：

1. 新建"翻板"文档。

2. 调入图框，标题栏，设置绘图比例为 2：1。

3. 绘制零件图。

4. 各种尺寸标注和形位公差标注。

5. 填写标题栏，完成图样，如图 4 - 3 所示。

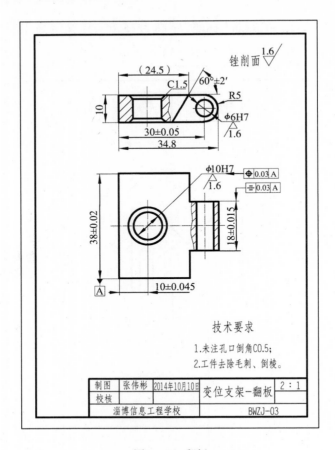

图4-3 翻板

任务四 固定板绘制

固定板零件图如图4-4-1所示。

绘图步骤:

1. 新建"固定板"文档。

2. 调入图框,标题栏,设置绘图比例为2:1。

3. 根据所学知识绘制零件两视图,如图4-4-2所示。

4. 局部放大图绘制:点击"常用/高级绘图"区的"局部放大"命令如图4-4-3所示,立即菜单设定和系统操作提示如图4-4-4所示。拾取主视图左下角点为中心点,系统操作提示变为如图4-4-5所示。向右稍稍拖动十字光标,在适当位置点击确定半径,系统操作提示变为如图4-4-6所示。把十字光标拖动到如图4-4-7所示的位置,点击,系统操作提示变为如图4-4-8所示。把十字光标拖动到如图4-4-9所示位置,点击,系统操作提示变为如图4-4-10所示。不输入角度数值,直接回车,这时在十字光标上挂着一个局部放大图的名称和放大比例图符如图4-4-11中十字光标处所示,系统操作提示变为如图 4 – 4 – 12 所示。在局部放大图上方如图4 – 4 – 13所示位置点击,结果如图 4 – 4 – 14所示。

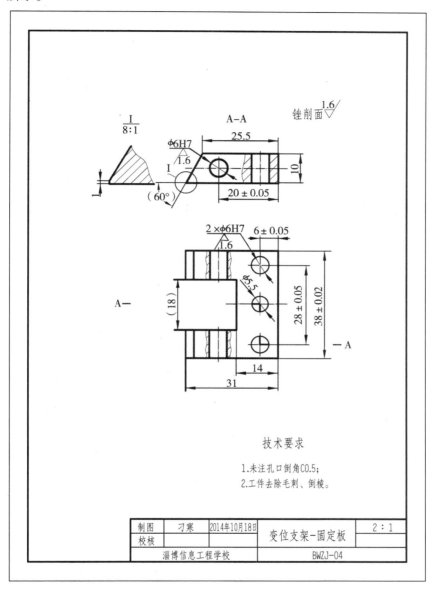

图 4 – 4 – 1　固定板

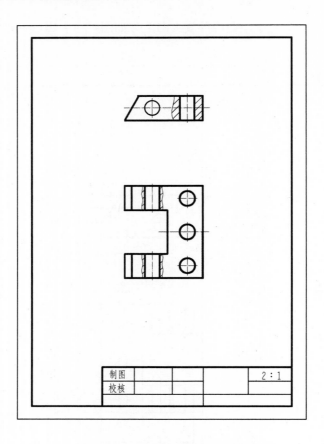

图 4 - 4 - 2　绘制固定板两视图

图 4 - 4 - 3　局部放大命令在功能区的位置

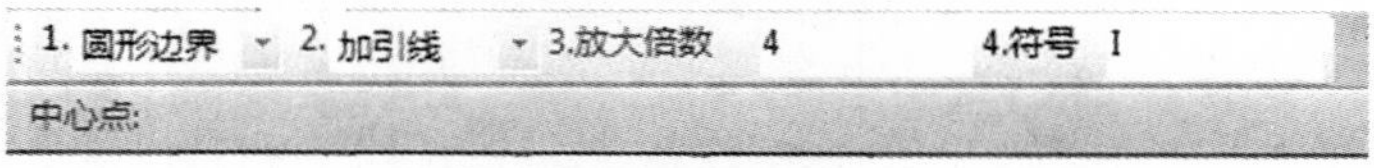

1. 圆形边界	2. 加引线	3.放大倍数	4	4.符号	I
中心点：					

图 4 - 4 - 4　局部放大命令立即菜单设定和系统操作提示

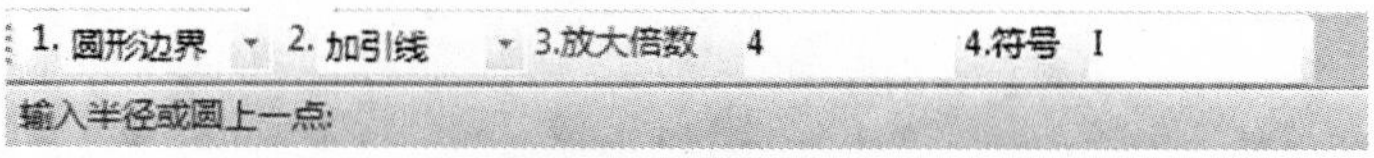

1. 圆形边界	2. 加引线	3.放大倍数	4	4.符号	I
输入半径或圆上一点：					

图 4 - 4 - 5　确定中心点后系统操作提示

图 4 − 4 − 6　点击确定半径后系统操作提示

图 4 − 4 − 7　符号 I 的位置

图 4 − 4 − 8

图 4 − 4 − 9　局部放大图的位置

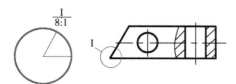

图 4 − 4 − 10　局部放大图立即菜单设定和系统操作提示

图 4 − 4 − 12　确定局部放大图插入点后系统操作提示

图 4 − 4 − 11　局部放大图名称

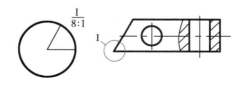

图 4 − 4 − 13　局部放大图名称注写位置　　图 4 − 4 − 14　完成局部放大图草图绘制

5. 使用"分解"命令分解该局部放大图,删除细实线圆,修改尖角部分;取消"正交",切换"细实线层"为当前层,点击"样条"命令,绘制样条曲线;点击"剖面线"命令,绘制剖面线,结果如图 4 − 4 − 15 所示。

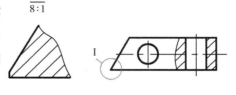

图 4 − 4 − 15　完成局部放大图绘制

6. 剖面位置和剖切符号绘制:点击"剖切符号"命令,当绘制到如图 4 − 4 − 16 所示的位置时,系统操作提示如图 4 − 4 − 17 所示。单击鼠标右键,图样变为如图 4 − 4 − 18 所示,系统操作提示变为如图 4 − 4 − 19 所示。不单击箭头选择剖切方向,直接单击鼠标右键,结束当前命令,然后注写剖面名称,结果如图 4 − 4 − 20 所示。

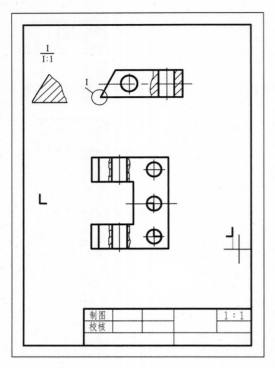

图 4 - 4 - 16　绘制剖面位置

图 4 - 4 - 17　剖面位置绘制系统操作提示

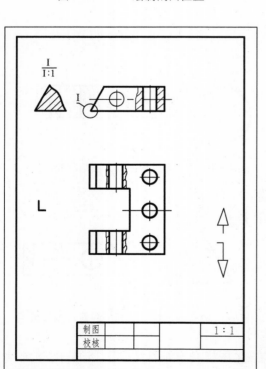

图 4 - 4 - 18　双向蓝色箭头

图 4 - 4 - 19　剖切位置线绘制结束后系统操作提示

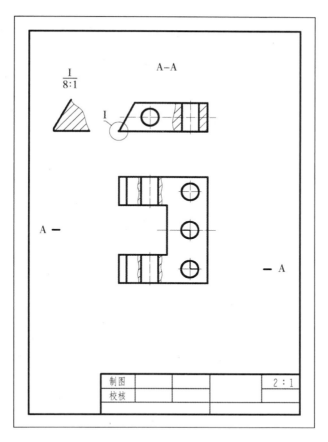

图 4 – 4 – 20　完成剖切符号绘制

7. 完成各种尺寸标注,形位公差标注,填写技术要求和标题栏,完成图样如图 4 – 4 – 1所示。

任务五　综合练习

综合练习如图 4 – 5 所示。

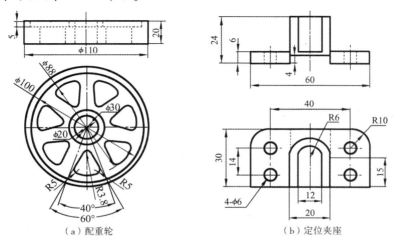

（a）配重轮　　　　　　（b）定位夹座

图 4 – 5　练习图样

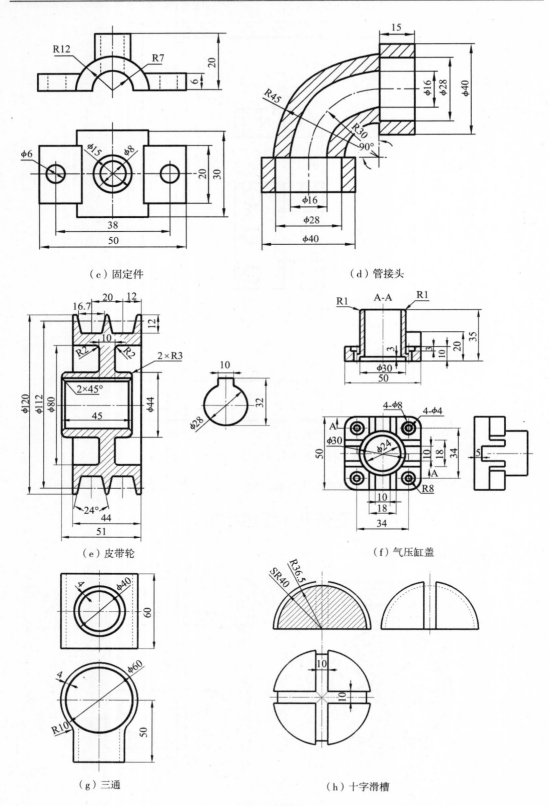

（c）固定件　　　　　　　　　　（d）管接头

（e）皮带轮　　　　　　　　　　（f）气压缸盖

（g）三通　　　　　　　　　　　（h）十字滑槽

图4-5　练习图样（续）

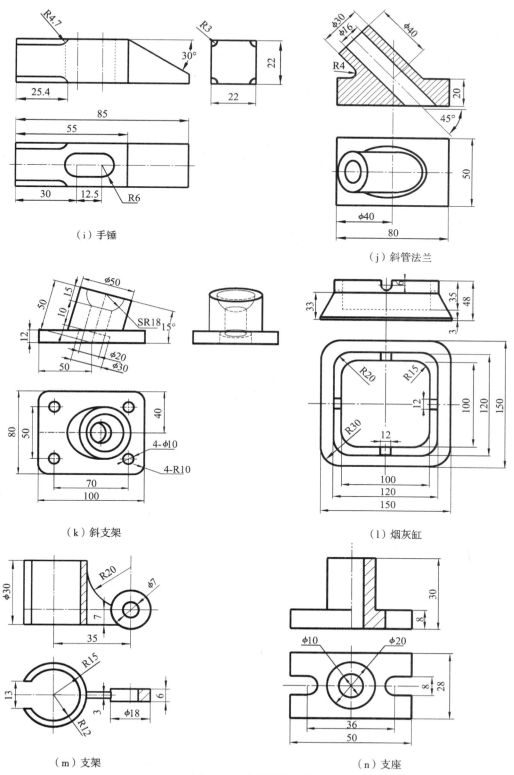

（i）手锤

（j）斜管法兰

（k）斜支架

（l）烟灰缸

（m）支架

（n）支座

图 4-5　练习图样（续）

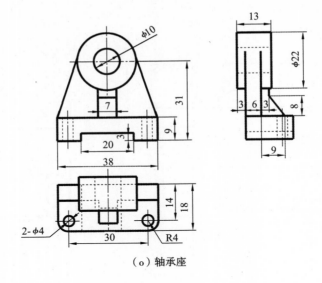

（o）轴承座

图 4-5 练习图样（续）

项目五　▶▶▶　**千斤顶零件图绘制**

　　千斤顶(图5-1-1)是机械安装或汽车修理时用来起重或顶压的工具,它利用螺旋作用顶举重物,由底座、螺杆、顶垫等七种零件组成。工作时,绞杠传入螺杆上部的通孔中,拨动绞杠,使螺杆转动,通过螺杆与螺母之间螺纹的作用,使螺杆上升而顶起重物。螺母镶在底座的内孔中,并用螺钉紧定。在螺杆的球面形顶部套一个顶垫,顶垫的内凹面是与螺杆顶面相同的球面。为了防止顶垫随螺杆一起转动时脱落,在螺杆顶部加工一环形槽,将紧定螺钉的圆柱形端部伸进环形槽锁定。

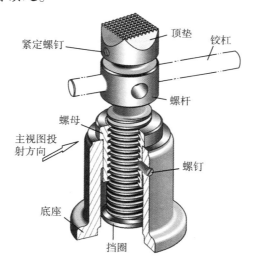

图5-1-1　千斤顶立体图

任务一　挡圈绘制

　　挡圈零件图如图5-1-2所示。

绘图步骤:

1. 新建"挡圈"文档。

2. 调入图框、标题栏,设置绘图比例为1.5:1,绘制两视图如图5-1-3所示。

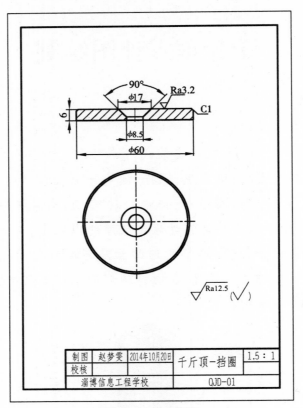

图 5-1-2 挡圈

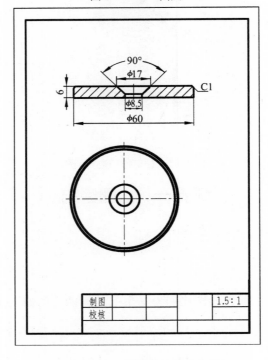

图 5-1-3 绘制挡圈两视图

3. 粗糙度标注：点击"粗糙度"命令，立即菜单设定和系统操作提示如图 5 - 1 - 4 所示，点击"1. 简单标注"，切换为如图 5 - 1 - 5 所示，同时打开了"表面粗糙度"对话框，填写对话框如图5 - 1 - 6所示，即基本符号选择左边第一个，"上限值"和"下限值"不填写，在右侧用键盘输入"Ra3.2"，点击"确定"，拾取挡圈主视图顶面直线，在合适的位置点击，结果如图 5 - 1 - 7 所示。

图 5 - 1 - 4　粗糙度标注立即菜单设定和系统操作提示　　图 5 - 1 - 5　修改后的粗糙度标注立即菜单和系统操作提示

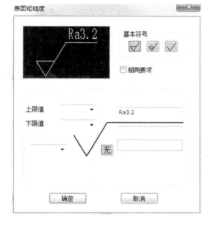

图 5 - 1 - 6　填写表面粗糙度对话框　　图 5 - 1 - 7　表面粗糙度简单标注绘制

4. 取消"正交"，再次点击"粗糙度"命令，立即菜单设定为"标准标注—引出方式"，在打开的"表面粗糙度"对话框中，修改"Ra3.2"为"Ra12.5"，其他不变，点击"确定"，拾取 ϕ8.5 内孔的左下角，向左下方拖动十字光标，在合适的位置点击，结果如图 5 - 1 - 8 所示。

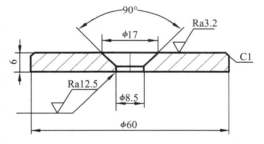

图 5 - 1 - 8　表面粗糙度引出标注绘制

5. 统一表面结构要求的注写：点击"文字"命令，在标题栏上方适当位置点击确定第一点，向右下方拖动十字光标，在适当位置点击确定第二点，打开"文本编辑器"对话框，点击"插入"中的"粗糙度"如图 5 - 1 - 9 所示，打开"表面粗糙度"对话框并设置参数如图 5 - 1 - 10 所示，点击"确定"，返回"文本编辑器"如图 5 - 1 - 11 所示，用键盘输入两个圆括号，把光标移到两个圆括号之间，再次点击"插入"中的"粗糙度"，"表面粗糙度"对话框各参数设置如图 5 - 1 - 12 所示，注意选择"基本符号"最右侧一个，点击"表面粗糙度"对话框的"确定"，再点击"文本编辑器"的"确定"，结果如图 5 - 1 - 13 所示。

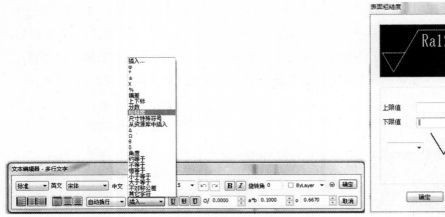

图 5 – 1 – 9　文本编辑器中插入粗糙度

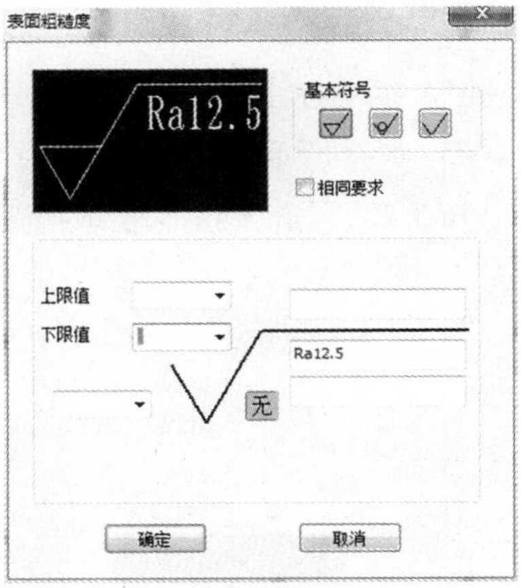

图 5 – 1 – 10　填写表面粗糙度对话框

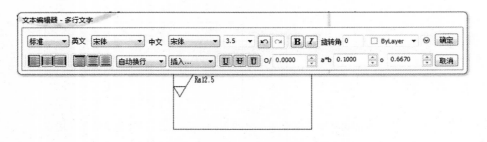

图 5 – 1 – 11　返回文本编辑器

图 5 – 1 – 12　再次填写表面粗糙度对话框

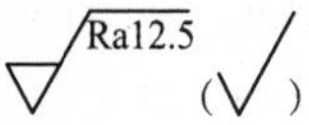

图 5 – 1 – 13　统一表面结构要求的注写

6. 填写标题栏,完成绘制结果如图 5 – 1 – 2 所示。

任务二　底座绘制

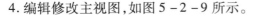

图 5-2-1　底座

底座零件图如图 5-2-1 所示。

绘图步骤：

1. 新建"底座"文档。

2. 调入图框,标题栏,设置绘图比例为 1:1.5,绘制主视图如图 5-2-2 所示。

3. 点击"孔/轴"命令如图 5-2-3 所示,立即菜单设定和系统操作提示如图 5-2-4 所示,拾取底座底端中点为插入点,立即菜单设定和系统操作提示如图 5-2-5 所示,键盘输入"10",回车,再次修改立即菜单如图 5-2-6 所示,键盘输入"57",回车,第三次修改立即菜单如图 5-2-7 所示,捕捉底座顶面中点,右键单击结束当前命令,结果如图 5-2-8 所示。

4. 编辑修改主视图,如图 5-2-9 所示。

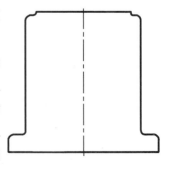

图 5-2-2　绘制主视图

5.绘制俯视图,注意对称符号绘制在"细实线层",注意使用"平行线""镜像"命令,如图5-2-10所示。

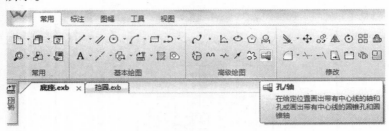

图5-2-3　孔/轴命令在功能区的位置

图5-2-4　孔命令立即菜单设定和系统操作提示

图5-2-5　确定插入点后孔命令立即菜单设定和系统操作提示

图5-2-6　键盘输入"10"并回车后立即菜单设定和系统操作提示

图5-2-7　键盘输入"57"并回车后立即菜单设定和系统操作提示

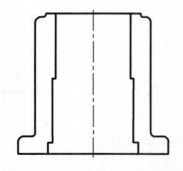

图5-2-8　由下至上绘制主视图内孔

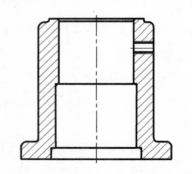

图5-2-9　完成主视图绘制

6.各种尺寸标注和公差标注如图5-2-11所示。请注意主视图右下角的粗糙度标注采用的是引出方式,如图5-2-12所示,其他粗糙度采用的是默认方式,如图5-2-13所示。

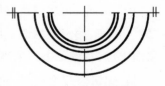

图5-2-10　绘制俯视图

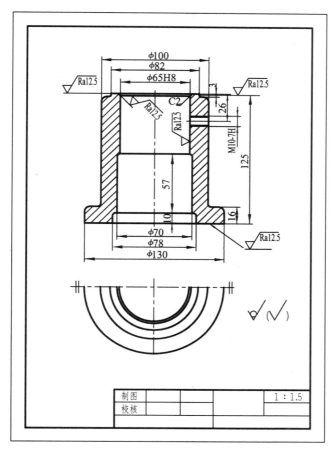

图 5 - 2 - 11　完成视图和标注

图 5 - 2 - 12　粗糙度标注引出方式立即菜单设定　　　图 5 - 2 - 13　粗糙度标注默认方式立即菜单设定

7. 注写技术要求：点击"技术要求"，打开"技术要求库"对话框，在左侧找到零件棱角，双击中间"要求"栏最下边一行，则该要求出现在"正文"栏中，修改并输入其他技术要求，设置标题字高为 7 号，正文字高为 5 号，完成输入如图 5 - 2 - 14 所示，结果如图 5 - 2 - 15 所示。

图 5 - 2 - 14　技术要求库注写

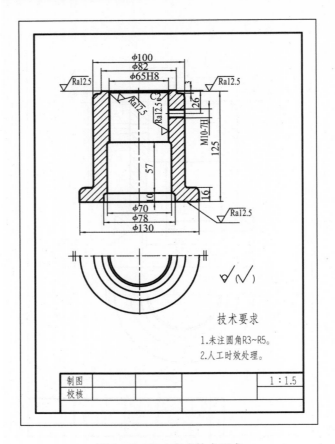

图 5 - 2 - 15　完成技术要求

8. 填写标题栏,完成绘图,结果如图 5 - 2 - 1 所示。

任务三　螺杆绘制

螺杆零件图如图 5 - 3 - 1 所示。

绘图步骤:

1. 新建"螺杆"文档。

2. 调入图框,标题栏,设置绘图比例为 1:1,A4 图纸,方向为横放,绘制主视图草图如图 5 - 3 - 2 所示。

3. 断开位置绘制:点击"样条"命令,在合适的位置绘制两条样条线,如图 5 - 3 - 3 所示。

4. 裁剪图样,将右段往左平移,结果如图 5 - 3 - 4 所示。

5. 锯齿形螺纹局部剖视图绘制:根据锯齿形螺纹的知识,同学们可参照以下步骤:

(1)画一条垂直线,确定螺纹剖视图的起点,如图 5 - 3 - 5 所示。

(2)绘制牙底线:牙底直径 d = D - 2×0.75P = 50 - 2×0.75×8 = 38,如图 5 - 3 - 6 所示。

(3)绘制牙型辅助线:i = 0.419P = 0.419×8 = 3.325,做 B50 上部外圆线的平行线,向

上,距离3.325,如图5-3-7所示。

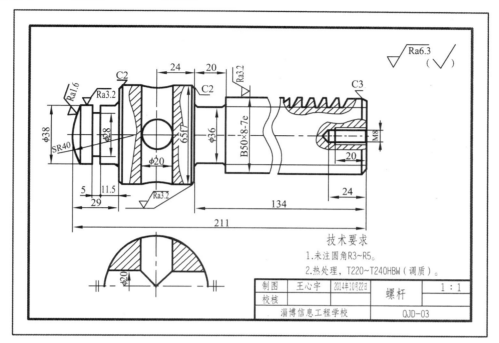

图5-3-1　螺杆

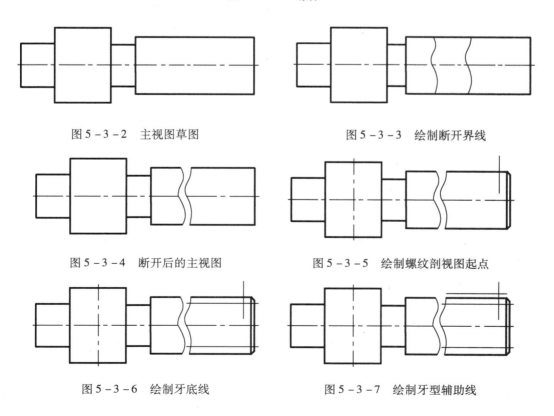

图5-3-2　主视图草图　　　　图5-3-3　绘制断开界线

图5-3-4　断开后的主视图　　图5-3-5　绘制螺纹剖视图起点

图5-3-6　绘制牙底线　　　　图5-3-7　绘制牙型辅助线

（4）作与 Y 轴夹角为 −30° 的角度线，如图 5 − 3 − 8 所示。

（5）作平行线，距离为 8，如图 5 − 3 − 9 所示。

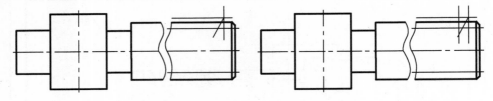

图 5 − 3 − 8　−30° 角度线　　　　　　　图 5 − 3 − 9　向左的平行线

（6）作与 Y 轴夹角为 −3° 的角度线，如图 5 − 3 − 10 所示。

（7）裁剪图样，得到一个完整的齿形，如图 5 − 3 − 11 所示。

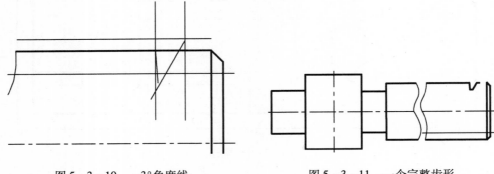

图 5 − 3 − 10　−3° 角度线　　　　　　　图 5 − 3 − 11　一个完整齿形

（8）拾取一个完整的齿形，请注意一个完整的齿形包括一条 3° 的牙形角线、一条 30° 的牙形角线、一条牙顶线和一条牙底线共四条，右键单击选择"平移复制"命令，立即菜单设定和系统操作提示如图 5 − 3 − 12 所示，拾取本齿形的右端点为第一点，本齿形的左端点为第二点，多次执行"平移复制"命令，结果如图 5 − 3 − 13 所示。

（9）修剪图样并绘制剖面线和牙底线，如图 5 − 3 − 14 所示。

图 5 − 3 − 12　平移复制命令立即菜单设定和系统操作提示

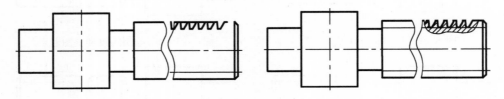

图 5 − 3 − 13　锯齿形螺纹草图　　　　　图 5 − 3 − 14　完成锯齿形螺纹剖面绘制

知识点

锯齿形螺纹的相关参数见图5-3-15。

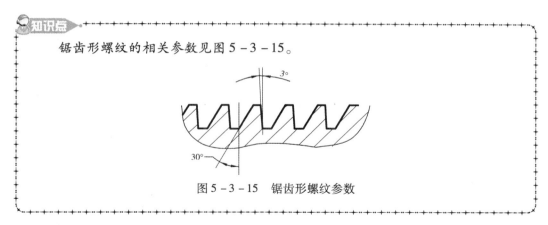

图5-3-15　锯齿形螺纹参数

6. 绘制相贯线步骤：

（1）绘制相贯部分轮廓线，如图5-3-16所示。

（2）点击"圆"命令，设置立即菜单为"圆心—半径—直径—无中心线"，拾取十字光标处的点为圆心如图5-3-17所示，键盘输入"65"，回车，结果如图5-3-18所示。

（3）延长垂直中心线，与圆相交，再次点击"圆"命令，仍然设置立即菜单为"圆心—半径—直径—无中心线"，以圆与垂直中心线的交点为圆心，键盘输入"65"，回车，结果如图5-3-19所示。

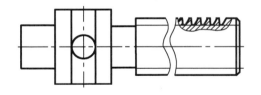

图5-3-16　绘制相贯部分轮廓线

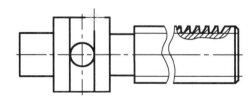

图5-3-17　拾取十字光标处的点作为圆心

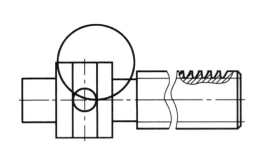

图5-3-18　绘制辅助圆

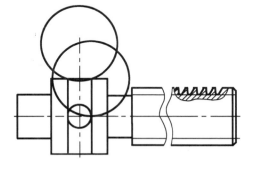

图5-3-19　绘制第二个辅助圆

（4）删除第一个圆，修剪第二个圆及图样，只保留相贯线部分，结果如图5-3-20所示。

（5）以水平中心线为轴线，镜像该相贯线，并修剪图样，结果如图5-3-21所示。

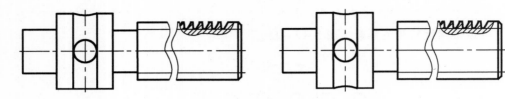

图 5 – 3 – 20　完成上部相贯线　　　　　图 5 – 3 – 21　镜像下部相贯线

7.绘制其他内容,如图 5 – 3 – 22 所示。

8.绘制移出断面图,如图 5 – 3 – 23 所示。

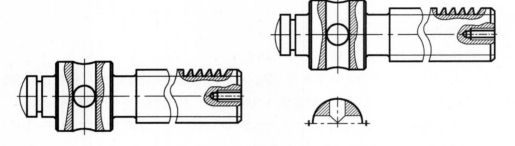

图 5 – 3 – 22　完成主视图绘制　　　　　图 5 – 3 – 23　移出断面图绘制

9.移出断面图的半标注:点击"常用/尺寸标注"右侧倒三角下的"半标注"命令如图 5 – 3 – 24所示,立即菜单设定和系统操作提示如图 5 – 3 – 25 所示,拾取水平中心线为第一条直线,系统操作提示变为如图 5 – 3 – 26 所示,拾取水平 ϕ20 圆孔的上部轮廓素线为第二条直线,系统操作提示变为如图 5 – 3 – 27 所示,稍稍拖动十字光标,在合适的位置点击,结果如图 5 – 3 – 28所示。

图 5 – 3 – 24　半标注命令在功能区的位置

图 5 – 3 – 25　半标注命令立即菜单设定和系统操作提示

图 5 - 3 - 26　拾取第一点后系统操作提示

图 5 - 3 - 27　拾取第二点后系统操作提示

图 5 - 3 - 28　φ20 标注

10.绘制其他尺寸标注和形位公差标注,填写技术要求和标题栏,如图 5 - 3 - 1。

任务四　螺母绘制

螺母零件图如图 5 - 4 所示。

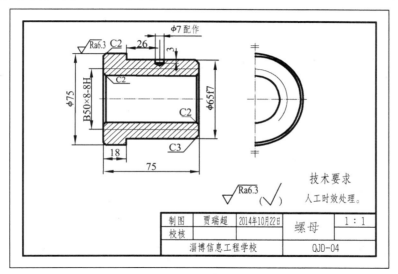

图 5 - 4　螺母

绘图步骤不再赘述,同学们需要注意的是主视图中两条牙底线的间距为"50",两条牙顶线的间距为"38",原理在上个任务中已经讲述过。

任务五　顶垫绘制

顶垫零件图如图示 5 - 5 - 1 所示。

绘图步骤:

1.新建"顶垫"文档。

2.调入图框,标题栏,设置绘图比例为1.5:1,绘制图样如图 5 - 5 - 2 所示。

3.标注 SR40:点击"常用/标注"右侧倒三角下的"射线"标注命令如图 5 - 5 - 3 所示,立即菜单设定和系统操作提示如图 5 - 5 - 4 所示,在图 5 - 5 - 5 中十字光标处点击作为第一点,系统操作提示变为如图5 - 5 - 6所示,在 SR40 圆周上点击作为第二点,结果如图 5 - 5 - 7 所示。

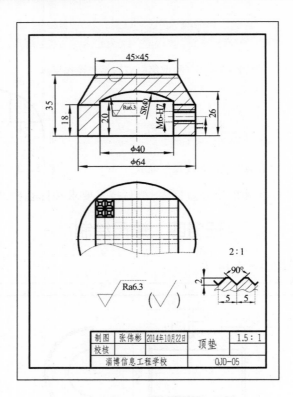

图 5 – 5 – 1　顶垫

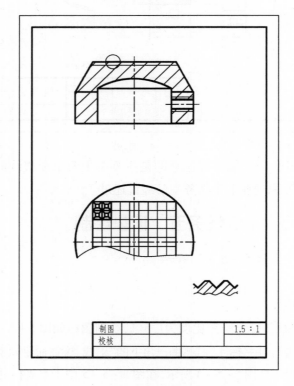

图 5 – 5 – 2　各视图

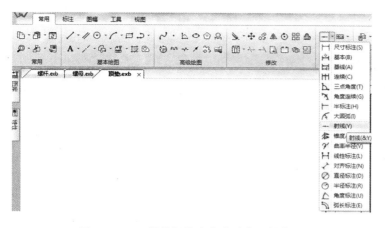

图5-5-3　射线标注命令在功能区的位置

图5-5-4　射线标注命令立即菜单设定和系统操作提示

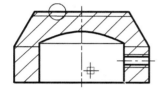

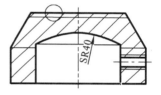

图5-5-5　拾取十字光标处作为第一点

图5-5-6　拾取第一点后系统操作提示

图5-5-7　SR40绘制

4．2:1标注:点击"文字"命令,在生成的"文本编辑器"中,先设置文字字高为"7",在输入框中键盘输入"2",然后点击"插入"下的"其他字符"如图5-5-8所示,打开"字符映射表"对话框如图5-5-9所示,找到":",点击"复制",然后在"文本编辑器"的输入框里右键单击,选择"粘贴",这时":"被输入到了输入框里,再键盘输入"1",点击"确定",完成绘制。

图5-5-8　文本编辑器

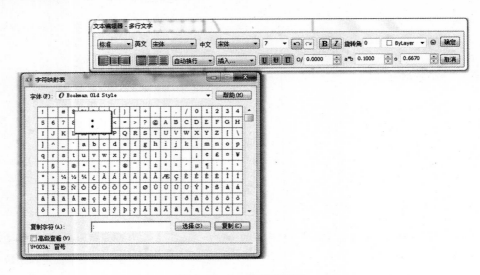

图 5 - 5 - 9　字符映射表

5.完成其他各种标注,如图 5 - 5 - 1 所示。

项目六 ►►► # 机用平口钳零件图绘制

图 6-1-1 机用平口钳

机用平口钳(图6-1-1)又名机用虎钳,是一种通用夹具,常用于安装小型工件,它是铣床、钻床的随机附件,将其固定在机床工作台上,用来夹持工件进行切削加工。

任务一 丝杠绘制

丝杠零件图如图6-1-2所示。

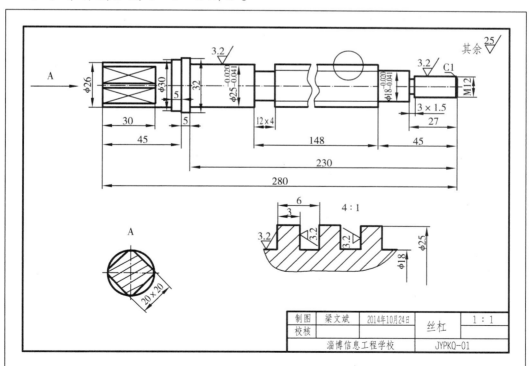

图 6-1-2 丝杠

绘图步骤:

1. 新建"丝杠"文档。

2. 调入图框、标题栏,设置绘图比例为1:1。

3. 本例绘制主视图从右端开始绘制。点击"轴/孔"命令,分别设置立即菜单中直径为"12",长度为"27";直径为"18",长度为"45-27";直径为"25",长度为"230-45";直径为"32",长度为"5";直径为"30",长度为"5";直径为"26",长度为"45-5"。绘制图样草图如图6-1-3所示。这时我们看到,图样轮廓超出了图框边界,解决这个问题的办法有:

(1)重新选择大一号的图纸幅面,比如A3。

(2)采用更小的比例,比如1:2。

(3)在本例中,因为方牙螺纹段很长,而且需要标注的内容也不多,我们选择将该段断开后缩短绘制,如图6-1-4所示。

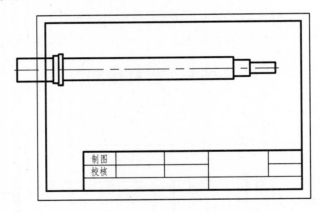

图6-1-3 绘制主视图草图

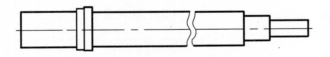

图6-1-4 断开主视图

4. 12×4退刀槽绘制:打开"构件库",选择"轴中部退刀槽",点击"确定",立即菜单设定和系统操作提示如图6-1-5所示,拾取该段外圆上部轮廓线为一条轮廓线,系统操作提示变为如图6-1-6所示,拾取该段外圆下部轮廓线为另一条轮廓线,系统操作提示变为如图6-1-7所示,拾取φ32段的右端面线为端面线,结果如图6-1-8所示。

> **知识点**
>
> 本例中因为φ25段右端已经断开,没法测量尺寸,因此采用的槽端距从φ32段的右端面开始算起,数值为230-45-148=37。

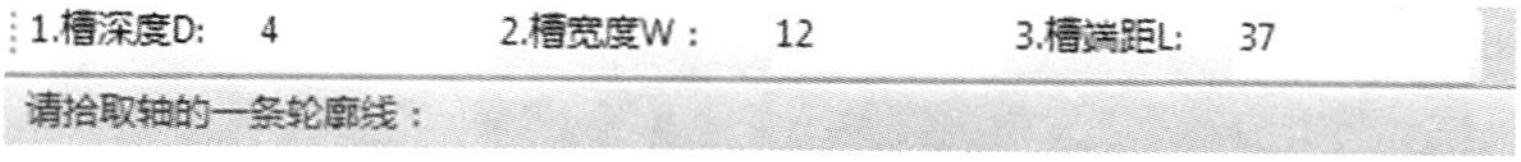

| 1.槽深度D: | 4 | 2.槽宽度W: | 12 | 3.槽端距L: | 37 |

请拾取轴的一条轮廓线:

图6-1-5　轴中部退刀槽命令立即菜单设定和系统操作提示

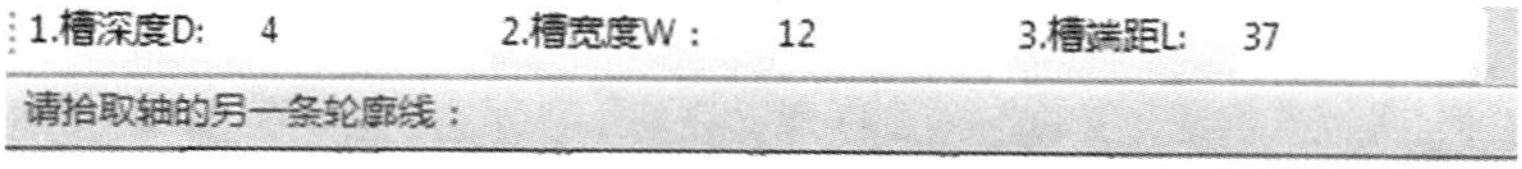

| 1.槽深度D: | 4 | 2.槽宽度W: | 12 | 3.槽端距L: | 37 |

请拾取轴的另一条轮廓线:

图6-1-6　拾取一条轮廓线后系统操作提示

| 1.槽深度D: | 4 | 2.槽宽度W: | 12 | 3.槽端距L: | 37 |

请拾取轴的端面线:

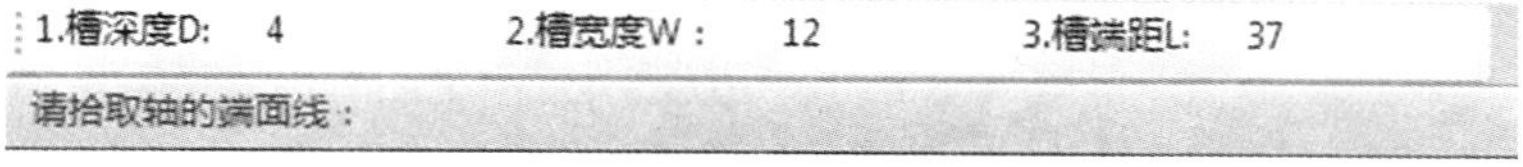

图6-1-7　拾取第二条轮廓线后系统操作提示

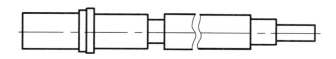

图6-1-8　完成退刀槽绘制

5.绘制最左段:关闭"正交",打开"导航",绘制出 A 向剖视图,不绘制剖面线,采用"平移复制"命令,复制平移该剖视图到如图6-1-9所示位置,注意使用"导航"命令保证投影关系"高平齐",然后打开"正交",利用投影关系绘制该段,结果如图6-1-10所示。

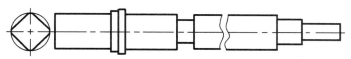

图6-1-9　平移复制剖视图到主视图左端

这条直线如果按照投影关系绘制,几乎跟该段的上部轮廓线是重合的,这时我们选择把该直线稍稍下移,以便清晰表达图样。

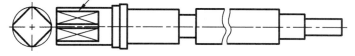

图6-1-10　丝杠方头绘制

6.绘制其他部分,完成图样,结果如图6-1-11所示。

知识点

绘制 A 向剖视图的剖面线时,"旋转角"为30,比例为4。

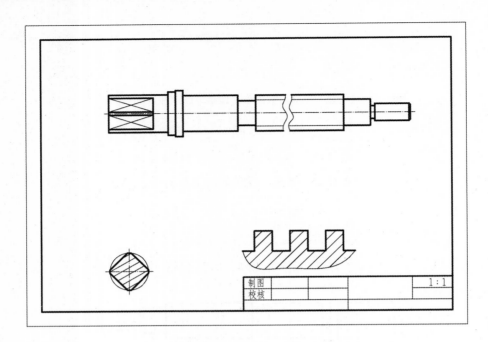

图6-1-11　绘制各视图

7. 向视图标注:点击"标注/标注/向视符号"命令如图6-1-12所示,立即菜单设定和系统操作提示如图6-1-13所示,在主视图左侧适当位置点击作为起点位置,系统操作提示变为如图6-1-14所示,在"正交"状态下稍稍往左拖动十字光标,点击作为终点位置,系统操作提示变为如图6-1-15所示,在绿色箭头上方适当位置点击作为文本的位置,系统操作提示变为如图6-1-16所示,在A向视图的上方适当位置点击,完成图样如图6-1-17所示。

图6-1-12　向视符号命令在功能区的位置

1.标注文本 A	2.字高 7	3.箭头大小 10	4. 不旋转
请确定方向符号的起点位置:			

图6-1-13　向视符号命令立即菜单设定和系统操作提示

1.标注文本 A	2.字高 7	3.箭头大小 10	4. 不旋转
请确定方向符号固定长度的终点位置:			

图6-1-14　确定起点位置后系统操作提示

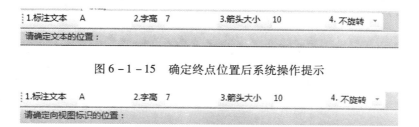

| 1.标注文本 | A | 2.字高 | 7 | 3.箭头大小 | 10 | 4. 不旋转 | ▾ |

请确定文本的位置：

图 6 - 1 - 15　确定终点位置后系统操作提示

| 1.标注文本 | A | 2.字高 | 7 | 3.箭头大小 | 10 | 4. 不旋转 | ▾ |

请确定向视图标识的位置：

图 6 - 1 - 16　确定文本位置后系统操作提示

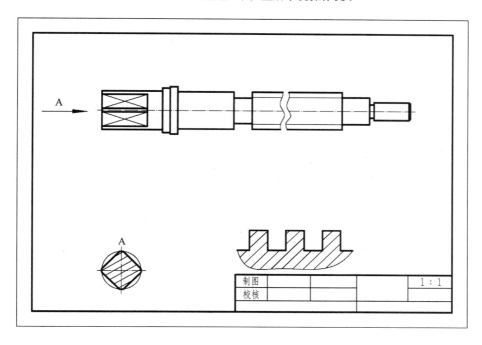

图 6 - 1 - 17　完成向视符号绘制

8. 相同表面结构要求的粗糙度标注：点击"粗糙度"命令，立即菜单设定和系统操作提示如图 6 - 1 - 18 所示，同时打开"表面粗糙度"对话框，填写对话框如图 6 - 1 - 19 所示，点击"确定"，在幅面右上角适当位置点击，结果为其余 $\overset{25}{\bigvee}$。

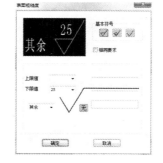

| 1. 标准标注 | ▾ | 2. 默认方式 | ▾ |

拾取定位点或直线或圆弧

图 6 - 1 - 18　粗糙度命令立即菜单设定和系统操作提示

图 6 - 1 - 19　表面粗糙度注写

9. 完成其他标注,如图 6 - 1 - 1 所示。

任务二　钳口板绘制

钳口板零件图如图 6 - 2 所示。

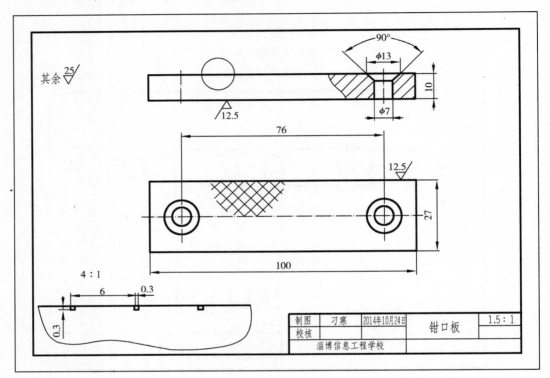

图 6 - 2　钳口板

绘图步骤略。

任务三　螺母绘制

螺母零件图如图 6 - 3 所示。

绘图步骤略。

提示:

1. 绘制 M12 螺孔的 C 0.5 倒角之前应先把该螺孔块分解。

2. 绘制左视图中梯形螺纹孔时,根据主视图中的投影关系确定牙顶圆和牙底圆的半径即可。

3. 牙底圆的 3/4 圆可以先绘制一个整圆,然后在适当位置使用两次"打断"命令即可。

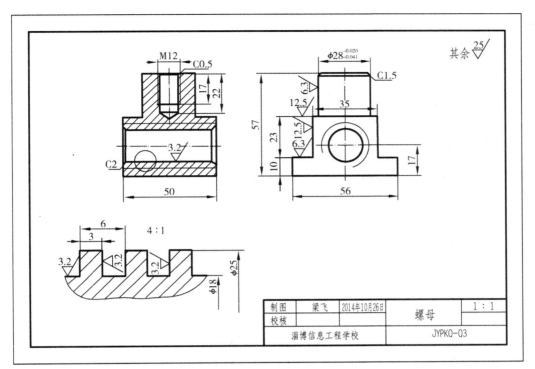

图6-3   螺母

任务四   活动钳口绘制

活动钳口零件图如图6-4所示。

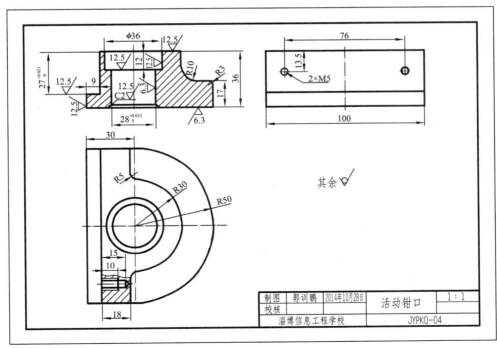

图6-4   活动钳口

绘图步骤略。

提示：

2 个 M5 螺孔的俯视图和左视图均可从"图库"中调取,其定位尺寸为 76 和 13.5。

任务五　固定钳身绘制

固定钳身零件图如图 6-5 所示。

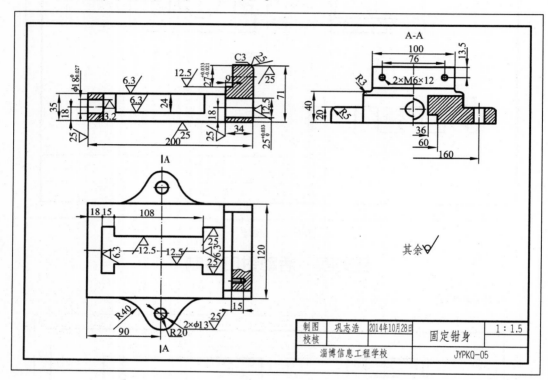

图 6-5　固定钳身

绘图步骤略。

提示：

1. 俯视图中 2×φ13 的定位尺寸为 90 和 160。

2. 2 个 M6×12 螺孔的俯视图和主视图均可从"图库"中调取,其定位尺寸为 76 和 13.5。

3. 左视图中下方的三个尺寸标注均可采用"射线"标注,尺寸界线可以在"细实线层"通过"直线"命令绘制。

4. 左视图前下方的 φ13 孔可以用"双向平行线"命令绘制,更好的方法是用"孔"命令。主视图中的两个孔同理。

5. 设置"标注风格设置"文字字高为 5,"粗糙度风格设置"字高为 5。

任务六　固定螺钉绘制

固定螺钉零件图如图 6-6 所示。

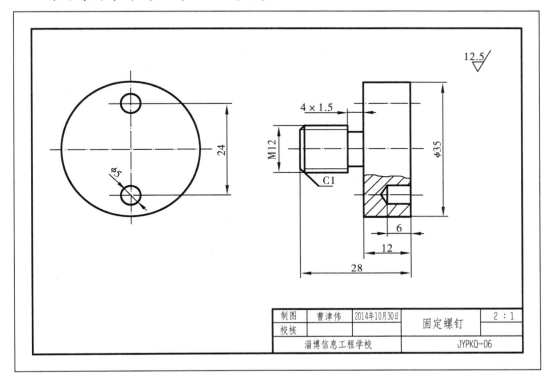

制图	曹津伟	2014年10月30日	固定螺钉	2：1
校核				
淄博信息工程学校				JYPKQ-06

图 6-6　固定螺钉

绘图步骤略。

- ◆ 左视图用"轴"命令绘制。
- ◆ 左视图中 $\phi5$ 孔的底端为 120°或者 118°。

任务七　垫圈绘制

垫圈零件图如图 6-7 所示。

- ◆ 该零件图用一次"轴"命令、一次"孔"命令即可绘出。
- ◆ 设置绘图比例为 4：1。

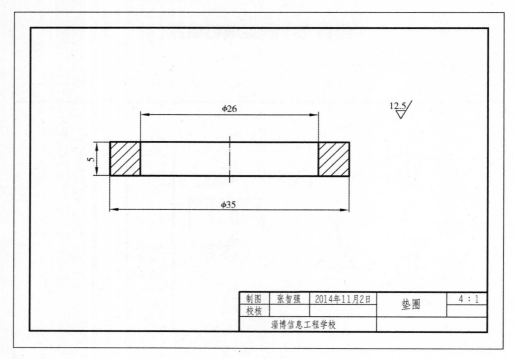

制图	张智强	2014年11月2日	垫圈	4：1
校核				
淄博信息工程学校				

图 6-7　垫圈

任务八　零件图绘制练习

零件图绘制练习如图 6-8-1、6-8-2、6-8-3 所示。

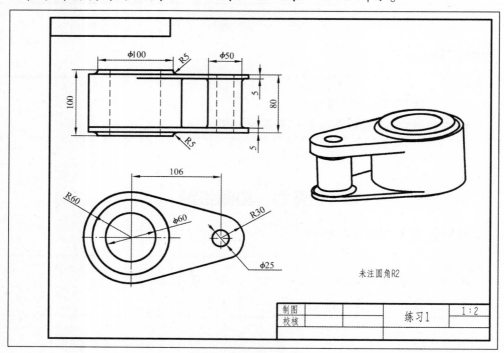

制图			练习1	1：2
校核				

图 6-8-1　零件图绘制练习 1

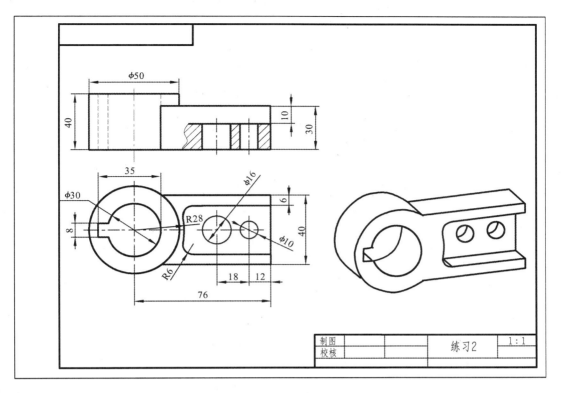

图 6 - 8 - 2　零件图绘制练习 2

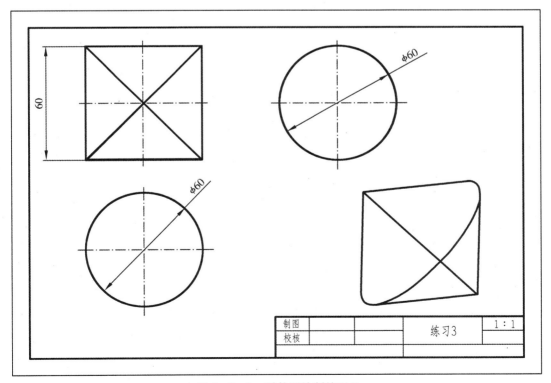

图 6 - 8 - 3　零件图绘制练习 3

参考文献

[1]成振洋.机械 CAD/CAM.北京:电子工业出版社,2008

[2]北京北航海尔软件有限公司.CAXA 电子图板用户手册.北京:北京北航海尔软件有限公司

[3]钱可强.机械制图.北京:机械工业出版社,2010

图书在版编目（CIP）数据

计算机绘图:CAXA 电子图板 2013/李红丽主编.
—济南:山东科学技术出版社,2015
中等职业学校特色教材
ISBN 978 - 7 - 5331 - 7707 - 2

Ⅰ.①计… Ⅱ.①李… Ⅲ.①自动绘图—软件
包—中等专业学校—教材 Ⅳ.①TP391.72

中国版本图书馆 CIP 数据核字(2015)第 040101 号

计算机绘图

——CAXA 电子图板 2013

主编 李红丽

出版者:山东科学技术出版社
　　　　地址:济南市玉函路 16 号
　　　　邮编:250002　电话:(0531)82098088
　　　　网址:www.lkj.com.cn
　　　　电子邮件:sdkj@sdpress.com.cn
发行者:山东科学技术出版社
　　　　地址:济南市玉函路 16 号
　　　　邮编:250002　电话:(0531)82098071
印刷者:山东人民印刷厂
　　　　地址:莱芜市赢牟西大街 28 号
　　　　邮编:271100　电话:(0634)6276022

开本:787mm×1092mm　1/16
印张:9.75
版次:2015 年 1 月第 1 版第 1 次印刷

ISBN 978 - 7 - 5331 - 7707 - 2
定价:20.50 元